Jens Helling, Marion Patyna, Klaus Schilling

Hrsg. Klaus Schilling

Formelsammlung

Kerncurriculum Mathematik Niedersachsen
Berufliche Gymnasien

2. Auflage

Analysis

Lineare Algebra

Stochastik

Geometrie

Bestellnummer 07770

Bildungsverlag EINS

Haben Sie Anregungen oder Kritikpunkte zu diesem Produkt?
Dann senden Sie eine E-Mail an 07770_002@bv-1.de
Autoren und Verlag freuen sich auf Ihre Rückmeldung.

www.bildungsverlag1.de

Bildungsverlag EINS GmbH
Hansestraße 115, 51149 Köln

ISBN 978-3-427-**07770**-1

Analysis

Lineare Algebra

Stochastik

Geometrie

Anhang

Analysis

1 Mathematische Zeichen und Symbole der Analysis

Zeichen, Symbol	Sprechweise und Bedeutung	Beispiel
$=$	gleich	$4 = 4$
$\neq$	ungleich	$3 \neq 4$
$\approx$	ist ungefähr gleich	$\sqrt{2} \approx 1{,}41$
$<$	kleiner als	$3 < 4$
$>$	größer als	$5 > 4$
$\leq$	kleiner gleich	$x \leq 3$
$\geq$	größer gleich	$x \geq 4$
$\vert\ \vert$	Betrag von	$\vert -3 \vert = 3$
∞	unendlich	
$\Rightarrow$	daraus folgt	n ist durch 4 teilbar $\Rightarrow$ n ist durch 2 teilbar
$\Leftrightarrow$	gilt genau dann, wenn; ist äquivalent mit/zu	$2x = 4 \Leftrightarrow x = 2$
$\wedge$	und, logisches und	$p \wedge q$: sowohl p als auch q sind wahr
$\vee$	oder, logisches oder	$p \vee q$; mindestens eine der Aussagen ist wahr
$\mathbb{N}$	Menge der natürlichen Zahlen **einschließlich 0**	$\mathbb{N} = \{0; 1; 2; 3; \ldots\}$
$\mathbb{Z}$	Menge der ganzen Zahlen **einschließlich 0**	$\mathbb{Z} = \{\ldots; -3; -2; -1; 0; 1; 2; 3; \ldots\}$
$\mathbb{Q}$	Menge der rationalen Zahlen **einschließlich 0**	$\mathbb{Q} = \left\{\frac{a}{b} \middle\vert a, b \in \mathbb{Z} \wedge b \neq 0\right\}$
$\mathbb{R}$	Menge der reellen Zahlen **einschließlich 0**	unendliche, nicht periodische Dezimalzahlen wie $\sqrt{2}$, e, π und rationale Zahlen
$\mathbb{N}^*$, $\mathbb{Z}^*$, $\mathbb{Q}^*$, $\mathbb{R}^*$	Zahlen der jeweiligen Menge **ohne 0**	$\mathbb{Z}^* = \{\ldots; -3; -2; -1; 1; 2; 3; \ldots\}$
$\mathbb{Z}_+$, $\mathbb{Q}_+$, $\mathbb{R}_+$ auch: $\mathbb{Z}_{\geq 0}$, $\mathbb{Q}_{\geq 0}$, $\mathbb{R}_{\geq 0}$	positive Zahlen der jeweiligen Menge **einschließlich 0**	$\mathbb{Z}_+ = \mathbb{Z}_{\geq 0} = \{0; 1; 2; 3; \ldots\} = \mathbb{N}$

Zeichen, Symbol	Sprechweise und Bedeutung	Beispiel
$\mathbb{Z}_+^*$, $\mathbb{Q}_+^*$, $\mathbb{R}_+^*$ auch: $\mathbb{Z}_{>0}$, $\mathbb{Q}_{>0}$, $\mathbb{R}_{>0}$	positive Zahlen der jeweiligen Menge **ohne 0**	$\mathbb{Z}_+^* = \mathbb{Z}_{>0} = \{0; 1; 2; 3; \dots\}$
$\mathbb{Z}_-, \mathbb{Q}_-, \mathbb{R}_-$ auch: $\mathbb{Z}_{\leq 0}$, $\mathbb{Q}_{\leq 0}$, $\mathbb{R}_{\leq 0}$	negative Zahlen der jeweiligen Menge **einschließlich 0**	$\mathbb{Z}_- = \mathbb{Z}_{\leq 0} = \{\dots; -3; -2; -1; 0\}$
$\mathbb{Z}_-^*$, $\mathbb{Q}_-^*$, $\mathbb{R}_-^*$ auch: $\mathbb{Z}_{<0}$, $\mathbb{Q}_{<0}$, $\mathbb{R}_{<0}$	negative Zahlen der jeweiligen Menge **ohne 0**	$\mathbb{Z}_-^* = \mathbb{Z}_{<0} = \{\dots; -3; -2; -1\}$
$\{1; 2; 3\}$	Menge mit den Elementen 1, 2 und 3	$A = \{1; 2; 3\}$
$\{x \mid \dots\}$	Menge aller x, für die gilt …	$D = \{x \mid 0 < x < 3\}$ Menge aller x, für die gilt $0 < x < 3$
$\{(x; y) \mid \dots\}$	Menge aller Zahlenpaare $(x; y)$, für die gilt …	$\{(x; y) \mid y = 3x\}$ Menge aller Zahlenpaare $(x; y)$, für die gilt $y = 3x$
$\emptyset = \{\}$	leere Menge Eine leere Menge enthält keine Elemente.	Lösungsmenge einer unlösbaren Gleichung: $L = \emptyset$
$\in$	Element von	$1 \in \mathbb{N}$
$\notin$	nicht Element von	$-1 \notin \mathbb{N}$
$\cup$	vereinigt mit; Zusammenfügen von Mengen	$\{1; 2\} \cup \{2; 3; 4\} = \{1; 2; 3; 4\}$
$\cap$	geschnitten mit; Gemeinsamkeiten von Mengen	$\{1; 2\} \cap \{2; 3; 4\} = \{2\}$
$\subset$	ist *echte* Teilmenge von	$\{1; 2\} \subset \{1; 2; 3; 4\}$
$\setminus$	ohne	$\mathbb{N} \setminus \{0\} = \mathbb{N}^*$
$[a; b]$	geschlossenes Intervall (von einschließlich a bis einschließlich b)	$\{x \mid a \leq x \leq b\}$
$(a; b)$ auch: $]a; b[$	offenes Intervall (von ausschließlich a bis ausschließlich b)	$\{x \mid a < x < b\}$
$[a; b)$ auch: $[a; b[$	halboffenes Intervall (von einschließlich a bis ausschließlich b)	$\{x \mid a \leq x < b\}$
$(a; b]$ auch: $]a; b]$	halboffenes Intervall (von ausschließlich a bis einschließlich b)	$\{x \mid a < x \leq b\}$

Zeichen, Symbol	Sprechweise und Bedeutung	Beispiel
$f\colon f(x) = \dots$ auch: f mit $f(x) = \dots$	Eine Funktion f mit $f(x) = \dots$ f ist Name der Funktion; $f(x) = \dots$ ist die Funktionsgleichung	$f\colon f(x) = 2x + 1$ oder: f mit $f(x) = 2x + 1$
$D(f)$	Definitionsbereich, Definitionsmenge der Funktion f	$D(f) = \mathbb{R}$
$W(f)$	Wertebereich, Wertemenge der Funktion f	$W(f) = \mathbb{R}$
$D_{\max}(f)$	mathematisch maximal möglicher Definitionsbereich der Funktion f	$D_{\max}(f) = \mathbb{R}$
$W_{\max}(f)$	mathematisch maximal möglicher Wertebereich der Funktion f	$W_{\max}(f) = \mathbb{R}$
$D_{\text{ök}}(f)$	ökonomisch sinnvoller Definitionsbereich einer Funktion f	$D_{\text{ök}}(K) = [0;\, x_{\text{Kap}}]$
$W_{\text{ök}}(f)$	ökonomisch sinnvoller Wertebereich einer Funktion f	$W_{\text{ök}}(K) = [K(0); K(x_{\text{Kap}})]$
lim	Grenzwert (Limes)	$\lim\limits_{x \to \infty} f(x) = a$, Grenzwert von $f(x)$ für x gegen unendlich ist gleich a
Δy	delta y; Differenz zweier y-Werte	$\Delta y = y_2 - y_1$
$f'(x)$	f Strich von x; erste Ableitung von $f(x)$	$f(x) = 2x^2 \Rightarrow f'(x) = 4x$
$f''(x)$	f zwei Strich von x; zweite Ableitung von $f(x)$	$f(x) = 2x^2$ $\Rightarrow f'(x) = 4x \Rightarrow f''(x) = 4$
$\mathrm{d}f$	Differenzial von f	beliebig kleines Teilstück von f
$\dfrac{\mathrm{d}f}{\mathrm{d}x}$	$\mathrm{d}f$ nach $\mathrm{d}x$ Der Differenzialquotient ist die Ableitung von f.	$\dfrac{\mathrm{d}f}{\mathrm{d}x} = f'(x)$
$\int f(x)\,\mathrm{d}x$	unbestimmtes Integral von $f(x)$	$\int f(x)\,\mathrm{d}x = F(x) + C$
$\int_a^b f(x)\,\mathrm{d}x$	(bestimmtes) Integral von $f(x)$ von a bis b	$\int_a^b f(x)\,\mathrm{d}x = \left[F(x)\right]_a^b = F(b) - F(a)$

2 Griechisches Alphabet

Α α	Alpha	Η η	Eta	Ν ν	Ny	Τ τ	Tau
Β β	Beta	Θ ϑ	Theta	Ξ ξ	Xi	Υ υ	Ypsilon
Γ γ	Gamma	Ι ι	Jota	Ο ο	Omikron	Φ φ	Phi
Δ δ	Delta	Κ κ	Kappa	Π π	Pi	Χ χ	Chi
Ε ε	Epsilon	Λ λ	Lambda	Ρ ϱ	Rho	Ψ ψ	Psi
Ζ ζ	Zeta	Μ μ	My	Σ σ	Sigma	Ω ω	Omega

3 Taschenrechnersymbole

Taschenrechner-anzeige	**Bedeutung**	**Beispiel**
1,23456 E3	Multiplikation mit 10^3; Verschiebung des Kommas um 3 Stellen nach rechts	$1{,}23456 \cdot 10^3 = 1{,}23456 \cdot 1\,000 = 1\,234{,}56$
1,23456 E−3	Division durch 10^3; Verschiebung des Kommas um 3 Stellen nach links	$1{,}23456 \cdot 10^{-3} = 1{,}23456 : 1\,000 = 0{,}00123456$

4 Rechenarten, Rechengesetze

4.1 Grundrechenarten

Addition	$a + b = c$	a, b: Summand c: Summe
Subtraktion	$a - b = c$	a: Minuend b: Subtrahend c: Differenz
Multiplikation	$a \cdot b = c$	a, b: Faktor c: Produkt
Division	$a : b = \frac{a}{b} = c$	a: Dividend, bei Brüchen Zähler b: Divisor, bei Brüchen Nenner; $b \neq 0$ c: Quotient

4.2 Höhere Rechenarten

Potenzieren	$a^b = c$	a: **Basis** b: **Exponent (Hochzahl)** c: **Potenz** (auch: **Potenzwert**)
Radizieren	$\sqrt[a]{b} = c$	a: **Wurzelexponent** b: **Radikand** c: **Wurzel** (auch: **Radix**)
Logarithmieren	$\log_b a = c$	a: **Numerus** ($a \in \mathbb{R}_+^*$) b: **Basis** ($b \in \mathbb{R}_+^* \setminus \{1\}$) c: **Logarithmus**

4.3 Rangfolge bei Ausführung mehrerer Rechenarten

Berechnung von Termen	• höchste Priorität: Klammern ausrechnen • Die höheren Rechenarten (Potenzieren, Radizieren und Logarithmieren) haben Vorrang vor den Grundrechenarten (Addition, Subtraktion, Multiplikation und Division). • Punktrechnung (Multiplikation und Division, auch Brüche) vor Strichrechnung (Addition und Subtraktion).
Umformen von Gleichungen	Beim Lösen von Gleichungen wird in der umgekehrten Reihenfolge wie beim Berechnen von Termen vorgegangen: Erst Strichrechnung, dann Punktrechnung, dann die höheren Rechenarten (Potenzieren, Radizieren und Logarithmieren).

4.4 Vorzeichenregeln

Addition und Subtraktion	$a + (+b) = a + b$ $a + (-b) = a - b$	$a - (+b) = a - b$ $a - (-b) = a + b$
Multiplikation	$a \cdot (+b) = +ab = ab$ $a \cdot (-b) = -ab$	$(-a) \cdot b = -ab$ $(-a) \cdot (-b) = +ab = ab$
Division	$\frac{+a}{+b} = +\frac{a}{b} = \frac{a}{b}$ $\frac{a}{-b} = -\frac{a}{b}$	$\frac{-a}{b} = -\frac{a}{b}$ $\frac{-a}{-b} = +\frac{a}{b} = \frac{a}{b}$

4.5 Elementare Rechengesetze

Kommutativgesetz	$a + b = b + a$ $a \cdot b = b \cdot a$	**Vertauschungsgesetz**
Assoziativgesetz	$a + (b + c) = (a + b) + c$ $a \cdot (b \cdot c) = (a \cdot b) \cdot c$	**Verbindungsgesetz**
Distributivgesetz	$(a \pm b) \cdot c = a \cdot c \pm b \cdot c$ $(a \pm b) : c = a : c \pm b : c$ $\frac{a \pm b}{c} = \frac{a}{c} \pm \frac{b}{c}$	**Verteilungsgesetz** $(c \neq 0)$ $(c \neq 0)$
Faktorisieren	$a \cdot c \pm b \cdot c = c \cdot (a \pm b)$ $\frac{a}{c} \pm \frac{b}{c} = \frac{a \pm b}{c}$	 $(c \neq 0)$
Klammern auflösen	$a + (b + c) = a + b + c$ $a + (b - c) = a + b - c$ $a - (b + c) = a - b - c$ $a - (b - c) = a - b + c$ $-(a + b) = -a - b$ $a \cdot (b \pm c) = a \cdot b \pm a \cdot c$ $(a + b) \cdot (c + d) = ac + ad + bc + bd$ $(a + b) \cdot (c - d) = ac - ad + bc - bd$ $(a - b) \cdot (c + d) = ac + ad - bc - bd$ $(a - b) \cdot (c - d) = ac - ad - bc + bd$	
Operationen mit Null	$a \pm 0 = 0 \pm a = a$	
	$a \cdot 0 = 0 \cdot a = 0$	
	$\frac{0}{a} = 0$	$(a \neq 0)$
	$\frac{a}{0} = \text{n.d.}$	Die Division durch Null ist nicht definiert.
	$a^0 = 1$	

Binomische Formeln	$(a + b)^2 = a^2 + 2ab + b^2$	1. Binomische Formel
	$(a - b)^2 = a^2 - 2ab + b^2$	2. Binomische Formel
	$(a + b) \cdot (a - b) = a^2 - b^2$	3. Binomische Formel

4.6 Rechnen mit Brüchen

Erweitern und Kürzen von Brüchen	• **Erweitern:** $\frac{a}{b} = \frac{a \cdot n}{b \cdot n}$ mit $b, n \neq 0$ • **Kürzen:** $\frac{a \cdot n}{b \cdot n} = \frac{a \cdot \not{n}}{b \cdot \not{n}} = \frac{a}{b}$ mit $b, n \neq 0$	Beim Erweitern eines Bruchs werden Zähler und Nenner des Bruchs mit n multipliziert. Beim Kürzen eines Bruchs werden Zähler und Nenner des Bruchs durch n dividiert.
Addition und Subtraktion von Brüchen	• **gleichnamige Brüche:** $\frac{a}{c} \pm \frac{b}{c} = \frac{a \pm b}{c}$ mit $c \neq 0$ • **ungleichnamige Brüche:** $\frac{a}{b} \pm \frac{c}{d} = \frac{ad}{bd} \pm \frac{bc}{bd} = \frac{ad \pm bc}{bd}$ mit $b, d \neq 0$	Brüche mit dem gleichen Nenner werden addiert (subtrahiert), indem die Zähler addiert (subtrahiert) werden und der Nenner beibehalten wird. Brüche mit unterschiedlichen Nennern werden zunächst durch Erweitern gleichnamig gemacht. Dann werden sie wie gleichnamige Brüche addiert (subtrahiert).
Multiplikation von Brüchen	• **Multiplikation eines Bruchs mit einem Bruch:** $\frac{a}{b} \cdot \frac{c}{d} = \frac{a \cdot c}{b \cdot d} = \frac{ac}{bd}$ mit $b, d \neq 0$ • **Multiplikation eines Bruchs mit einer ganzen Zahl:** $\frac{a}{b} \cdot c = \frac{a}{b} \cdot \frac{c}{1} = \frac{ac}{b}$ mit $b \neq 0$	Zähler mal Zähler, Nenner mal Nenner. Die ganze Zahl c kann in den Bruch $\frac{c}{1}$ umgeformt werden. Dann wird wie bei der Multiplikation von Brüchen verfahren.
Division von Brüchen	• **Division eines Bruches durch einen Bruch:** $\frac{\frac{a}{b}}{\frac{c}{d}} = \frac{a}{b} : \frac{c}{d} = \frac{a}{b} \cdot \frac{d}{c} = \frac{ad}{bc}$ mit $b, c, d \neq 0$ • **Division eines Bruches durch eine ganze Zahl:** $\frac{\frac{a}{b}}{c} = \frac{a}{b} : \frac{c}{1} = \frac{a \cdot 1}{b \cdot c} = \frac{a}{bc}$ mit $b, c \neq 0$	Ein Bruch wird durch einen Bruch dividiert, indem der erste Bruch mit dem Kehrwert des zweiten Bruches multipliziert wird. Die ganze Zahl c kann in einen Bruch $\frac{c}{1}$ umgeformt werden. Dann wird wie bei der Division von Brüchen verfahren.

4.7 Potenzieren

Definition und Bezeichnungen	Exponent (Hochzahl) ↓ $\underbrace{a \cdot a \cdot a \cdot \ldots \cdot a}_{n \text{ Faktoren}} = a^n$ ← Basis	$n \in \mathbb{N}^*$
Rechengesetze	• **Multiplikation und Division von Potenzen mit gleicher Basis:**	
	$a^m \cdot a^n = a^{m+n}$	$(a \neq 0$, wenn $m, n < 0)$
	$\dfrac{a^m}{a^n} = a^{m-n}$	$(a \neq 0$, wenn $m < 0$ oder $n > 0)$
	• **Multiplikation und Division von Potenzen mit gleichen Exponenten:**	
	$a^n \cdot b^n = (a \cdot b)^n$	$(a, b \neq 0$, wenn $n < 0)$
	$\dfrac{a^n}{b^n} = \left(\dfrac{a}{b}\right)^n$	$(a \neq 0$, wenn $n < 0$; $b \neq 0)$
	• **Potenzen potenzieren:** $(a^m)^n = a^{m \cdot n}$	
Folgerungen	$a^1 = a$	
	$a^0 = 1$	
	$a^{-n} = \dfrac{1}{a^n}$	$(a \neq 0)$
	$a^{-1} = \dfrac{1}{a^1} = \dfrac{1}{a}$	$(a \neq 0)$
	$\left(\dfrac{a}{b}\right)^{-n} = \left(\dfrac{b}{a}\right)^n$	$(a, b \neq 0)$

4.8 Radizieren

Definition und Bezeichnungen	$b^n = a \Leftrightarrow b = \sqrt[n]{a}$	b: Wurzel n: Wurzelexponent a: Radikand

Rechengesetze	• **Multiplikation von Wurzeln** $\sqrt[n]{a} \cdot \sqrt[n]{b} = \sqrt[n]{a \cdot b}$	$(n \in \mathbb{N}^*;\ a, b \geq 0)$
	• **Division von Wurzeln** $\frac{\sqrt[n]{a}}{\sqrt[n]{b}} = \sqrt[n]{\frac{a}{b}}$	$(n \in \mathbb{N}^* \setminus \{1\};\ a \geq 0;\ b > 0)$
	• **Potenzieren von Wurzeln** $\left(\sqrt[n]{a}\right)^m = \sqrt[n]{a^m}$	$(n \in \mathbb{N}^* \setminus \{1\};\ a \geq 0)$
	• **Radizieren von Wurzeln** $\sqrt[n]{\sqrt[m]{a}} = \sqrt[m]{\sqrt[n]{a}} = \sqrt[nm]{a}$	$(n, m \in \mathbb{N}^* \setminus \{1\};\ a \geq 0)$
Teilweises (partielles) Radizieren	$\sqrt[n]{a^n \cdot b} = \sqrt[n]{a^n} \cdot \sqrt[n]{b} = a \cdot \sqrt[n]{b}$	$(n \in \mathbb{N}^* \setminus \{1\};\ a, b \geq 0)$
Rationalmachen des Nenners	$\frac{a}{\sqrt{b}} = \frac{a \cdot \sqrt{b}}{\sqrt{b} \cdot \sqrt{b}} = \frac{a \cdot \sqrt{b}}{b}$	$(b > 0)$
Umformung von Wurzeln in Potenzen	$\sqrt[n]{a^m} = a^{\frac{m}{n}}$ $\sqrt{a} = \sqrt[2]{a^1} = a^{\frac{1}{2}}$ $\sqrt[n]{a} = \sqrt[n]{a^1} = a^{\frac{1}{n}}$ $\sqrt{a} \cdot \sqrt{a} = \left(\sqrt{a}\right)^2 = \left(a^{\frac{1}{2}}\right)^2 = a^{\frac{1}{2} \cdot 2} = a^1 = a$ $\sqrt[3]{a^3} = a^{\frac{3}{3}} = a^1 = a$ $\left(\sqrt[3]{a}\right)^3 = \left(a^{\frac{1}{3}}\right)^3 = a^{\frac{3}{3}} = a^1 = a$	Jede Wurzel kann als Potenz mit gebrochenem Exponenten geschrieben werden. $(n \in \mathbb{N}^* \setminus \{1\};\ m > 0;\ a \geq 0)$

4.9 Logarithmieren

Definition und Bezeichnungen	Logarithmuszahl = Exponent = Hochzahl Logarithmieren heißt, den Exponenten (Hochzahl) berechnen. **Basis** → $b^x = y \iff x = \log_b y \quad (b \in \mathbb{R}_+^* \setminus \{1\};\ y \in \mathbb{R}_+^*)$ **Exponent (Hochzahl)** ↓ x in b^x; **Potenzwert (Numerus)** ↓ y in $\log_b y$ ↑ y in $b^x = y$: **Potenzwert (Numerus)**; ↑ x: **Exponent (Hochzahl)**; ↑ b: **Basis** Die Zahl x heißt Logarithmus von y zur Basis b.

Logarithmieren mit dem Taschenrechner	• **Zehnerlogarithmus** $x = \log_{10} y = \lg y$	Der Logarithmus zur Basis 10 heißt **Zehnerlogarithmus**. Er wird mit lg abgekürzt und kann mit der Taschenrechnertaste „log“ berechnet werden ($y > 0$).
	• **Natürlicher Logarithmus** $x = \log_e y = \ln y$	Der Logarithmus mit der Euler'schen Zahl e als Basis heißt **natürlicher Logarithmus**. Er wird mit ln abgekürzt und kann mit der Taschenrechnertaste „ln“ berechnet werden ($y > 0$).
	• **Logarithmen mit beliebiger Basis** $x = \log_b y = \frac{\ln y}{\ln b}$ $x = \log_b y = \frac{\lg y}{\lg b}$	Der Logarithmus zu einer beliebigen Basis $b \in \mathbb{R}_+^* \setminus \{1\}$ kann mit dem Taschenrechner mithilfe des natürlichen oder des Zehnerlogarithmus berechnet werden.
Rechengesetze (Logarithmengesetze)	$\log \frac{u}{v} = \log u - \log v$ $\log a^u = u \cdot \log a$ $\log \sqrt[v]{a^u} = \log a^{\frac{u}{v}} = \frac{u}{v} \log a$ $a^x = e^{x \ln a}$	($a, u, v > 0$)
Folgerungen	$\log_b b = 1$ $\log_b 1 = 0$ $\log_b \sqrt[n]{a} = \frac{1}{n} \log_b a$ $\log_b \sqrt[n]{a^m} = \frac{m}{n} \log_b a$	($b > 0$) ($n \neq 0$) ($a, b > 0; n \neq 0$)
Natürlicher Logarithmus	$\log_e y = \ln y$ $e^x = y \Leftrightarrow x = \ln y$ $e^{\ln x} = x$	Die **Euler'sche Zahl e** ist das Ergebnis der Grenzwertbetrachtung: $\lim\limits_{x \to \infty} \left(1 + \frac{1}{x}\right)^x = e \approx 2{,}71828$

5 Funktionen

5.1 Funktionsgraph im Koordinatensystem

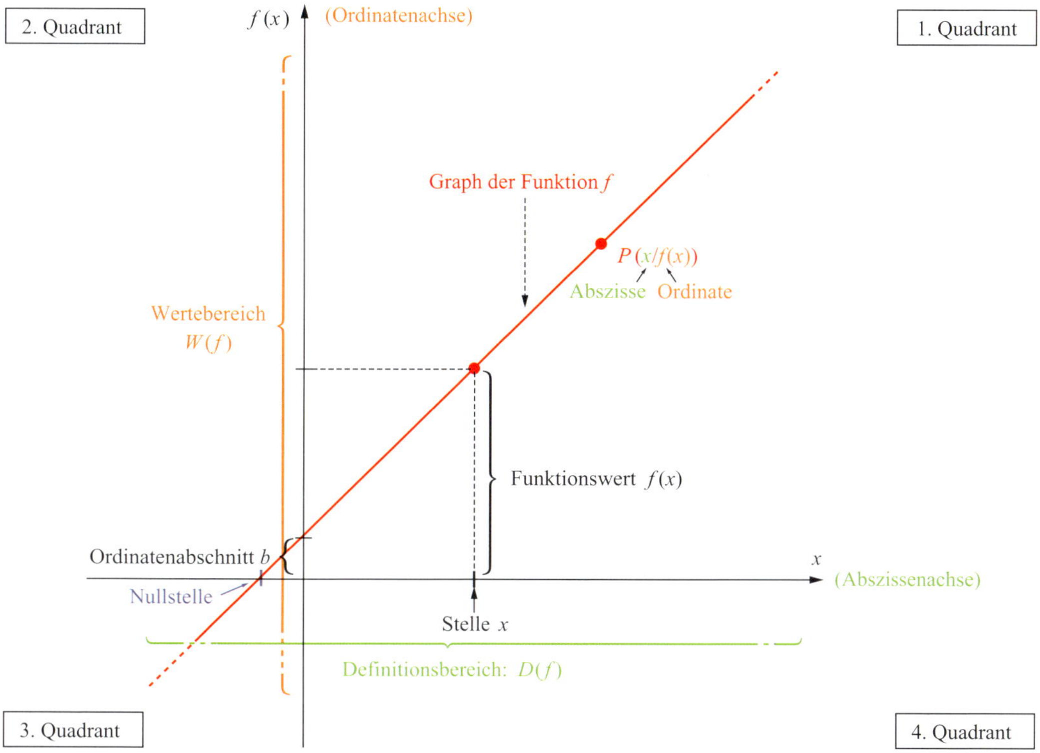

5.2 Lineare Funktionen

Begriffe	$\underbrace{f}_{\text{Name der Funktion}} : \underbrace{\underbrace{f(x)}_{\text{Funktionswert}} = \underbrace{mx + b}_{\text{Funktionsterm}}}_{\text{Funktionsgleichung}}$ Eine Funktion ist eine Zuordnung, bei der jedem x-Wert *genau ein* Funktionswert $f(x)$ zugeordnet wird. Die grafische Darstellung einer Funktion heißt **Funktionsgraph (Graph der Funktion)**.

Gleichung einer linearen Funktion	$f(x) = \underbrace{mx}_{\text{Linear-glied}} + \underbrace{b}_{\text{Absolut-glied}}$	m: Steigung der Geraden b: Absolutglied, Ordinatenabschnitt des Graphen
Steigung des Graphen einer linearen Funktion (Steigung einer Geraden)	$m = \dfrac{\text{Höhenunterschied}}{\text{Horizontalunterschied}}$ zwischen zwei Punkten $P_1\big(x_1/f(x_1)\big)$ und $P_2\big(x_2/f(x_2)\big)$: $m = \dfrac{f(x_2) - f(x_1)}{x_2 - x_1} = \dfrac{\Delta f}{\Delta x}$ oder: $m = \dfrac{f(x_1) - f(x_2)}{x_1 - x_2} = \dfrac{\Delta f}{\Delta x}$	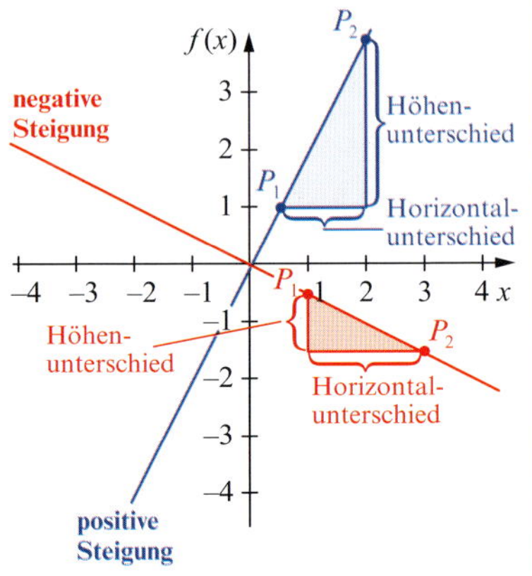
Parallele zur Abszissenachse	$f(x) = b$	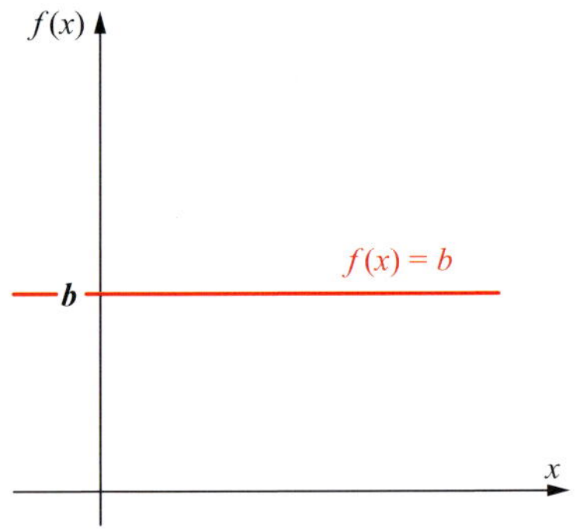
Parallele zur Ordinatenachse	$x = a$ (Hinweis: Die Parallele zur Ordinatenachse ist keine Funktion, sondern eine Relation, weil es zu einem x-Wert mehrere Funktionswerte gibt.)	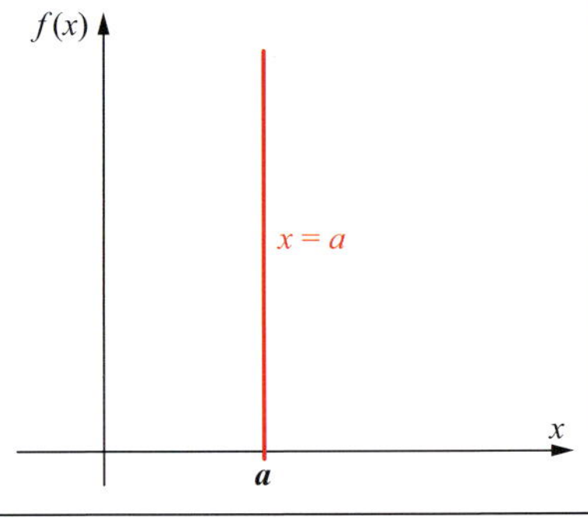
Senkrecht (orthogonal) zueinander stehende Geraden	$m_1 \cdot m_2 = -1 \Leftrightarrow m_1 = -\dfrac{1}{m_2}$	Zwei Geraden mit $f_1(x) = m_1x + b_1$ und $f_2(x) = m_2x + b_2$ schneiden sich rechtwinklig, wenn das Produkt ihrer Steigungen -1 beträgt.

Ordinatenabschnitt einer linearen Funktion	$f(x) = mx + b$ $f(0) = m \cdot 0 + b$ $f(0) = b$	Der Ordinatenabschnitt eines Funktionsgraphen ist der Funktionswert an der Stelle $x = 0$.
Nullstelle einer linearen Funktion	$f(x) = mx + b$ $f(x) = 0$ $mx + b = 0$ $x = -\frac{b}{m}$	Zur Berechnung der Nullstelle wird der Funktionsterm gleich 0 gesetzt.
Lösungsverfahren für lineare Gleichungssysteme mit 2 Variablen	**Lineares Gleichungssystem:** $y = m_1x + b_1$ $\wedge\ y = m_2x + b_2$	Durch die Lösung des linearen Gleichungssystems mit zwei Gleichungen und den zwei Variablen x und y werden die Koordinaten des Schnittpunktes $S(x/y)$ der beiden Geraden miteinander berechnet.
	• **Gleichsetzungsverfahren:** $y = y$ $m_1x + b_1 = m_2x + b_2$	Wenn beide Gleichungen nach der gleichen Variablen aufgelöst sind, können die Funktionsterme gleichgesetzt werden.
	• **Einsetzungsverfahren:** $y = m_1x + b_1$ $y = m_2x + b_2 \Leftrightarrow x = \frac{y - b_2}{m}$ $y = m_1 \cdot \frac{y - b_2}{m_2} + b_1$	Eine Gleichung wird nach einer Variablen aufgelöst und der ermittelte Term dann in die andere Gleichung eingesetzt.
	• **Additionsverfahren:** $y = m_1x + b_1$ $\vert -$ $\underline{y = m_2x + b_2}$ $0 = m_1x - m_2x + b_1 - b_2$	Die Gleichungen werden so addiert oder subtrahiert, dass eine Variable eliminiert wird.

5.3 Quadratische Funktionen

Gleichung einer quadratischen Funktion	• **Polynomform** (allgemeine Form): $f(x) = \underbrace{ax^2}_{\text{Quadratglied}} \underbrace{+\,bx}_{\text{Linearglied}} \underbrace{+\,c}_{\text{Absolutglied}}$	$a \in \mathbb{R}^*$ ist der Dehnungs- (Streckungs-), Stauchungs-, Spiegelungsfaktor (Formfaktor). $\lvert a \rvert > 1$: Dehnung (Streckung) in $f(x)$-Richtung (Ordinatenrichtung) $\lvert a \rvert < 1$: Stauchung in $f(x)$-Richtung (Ordinatenrichtung) $a < 0$: Spiegelungsfaktor an der Abszissenachse (Öffnung der Parabel nach unten) c: Absolutglied, Ordinatenabschnitt des Graphen
	• **Scheitelpunktform:** $f(x) = a(x + u)^2 + v$	Scheitelpunkt $S(-u/v)$ $a \neq 0$
	• **Linearfaktorform:** $f(x) = a(x - x_1)(x - x_2)$	Nullstellen x_1 und x_2 $a \neq 0$
Lösung einer quadratischen Gleichung (Nullstellen einer Parabel)	$f(x) = x^2 + px + q$ $x_{1/2} = -\frac{p}{2} \pm \sqrt{\left(\frac{p}{2}\right)^2 - q}$	Die ***p-q*-Formel** gilt nur für die **Normalform einer quadratischen Gleichung**.
	$f(x) = ax^2 + bx + c$ $x_{1/2} = \frac{-b \pm \sqrt{b^2 - 4ac}}{2a}$	Die ***a-b-c*-Formel (Mitternachtsformel)** gilt für die **allgemeine Form einer quadratischen Gleichung**.
Anzahl der Lösungen einer quadratischen Gleichung (Anzahl der Nullstellen einer Parabel)	Der Term unter der Wurzel in der p-q-Formel oder a-b-c-Formel heißt **Diskriminante** D.	
	Für die p-q-Formel: $D = \left(\frac{p}{2}\right)^2 - q$	Für die a-b-c-Formel: $D = b^2 - 4ac$
	• $D > 0$: zwei Lösungen (zwei einfache Nullstellen) Bei einer **einfachen Nullstelle** schneidet der Graph die Abszissenachse. • $D = 0$: eine Lösung (eine doppelte Nullstelle) Bei einer **doppelten Nullstelle** berührt der Graph die Abszissenachse. • $D < 0$: keine Lösung Der Graph hat **keine Nullstelle**.	

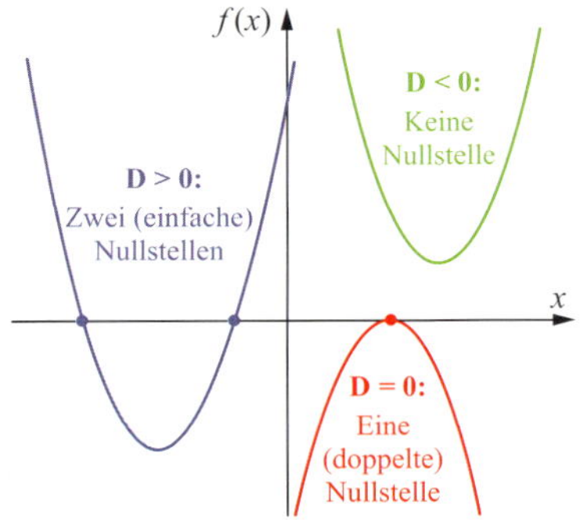

5.4 Potenzfunktionen

<table>
<tr><td>Gleichung einer Potenzfunktion</td><td>$f(x) = a \cdot x^n; \quad a \neq 0; n \in \mathbb{N}^*$</td></tr>
<tr><td>Graphen der Potenzfunktionen</td><td>

• n gerade

a positiv

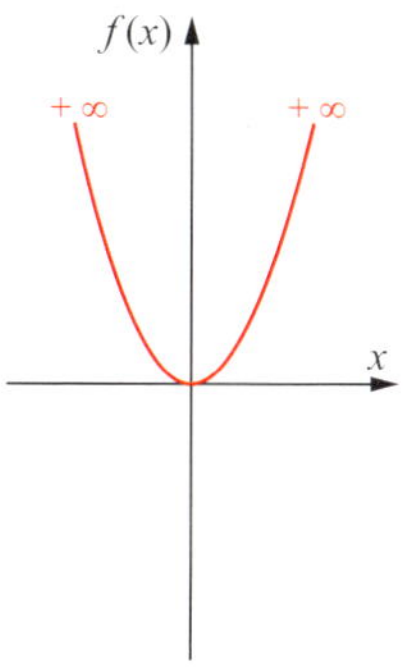

a negativ

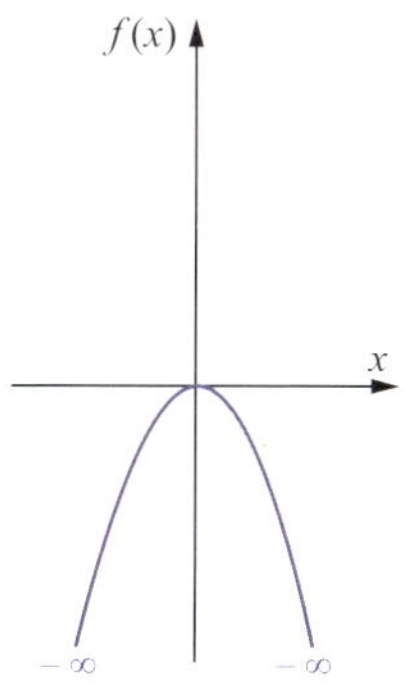

• n ungerade

a positiv

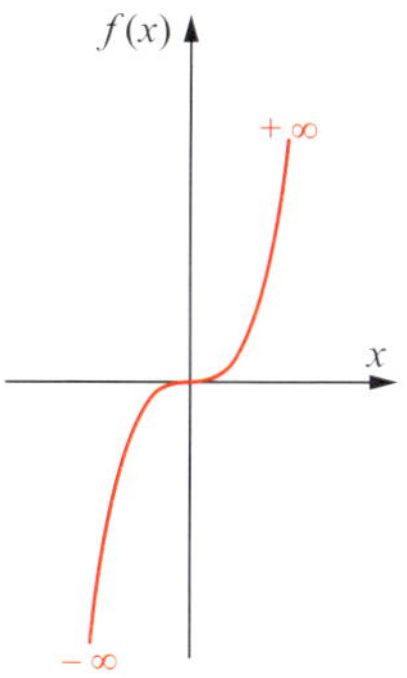

a negativ

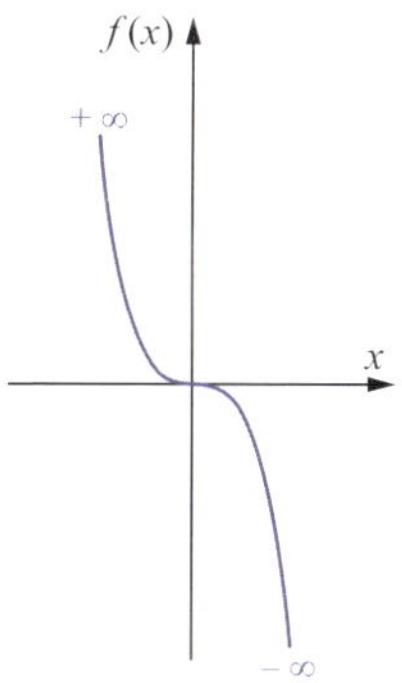

</td></tr>
</table>

5.5 Ganzrationale Funktionen

<table>
<tr><td>Polynomform</td><td>

$f(x) = a_n x^n + a_{n-1} x^{n-1} + \ldots + a_2 x^2 + a_1 x + a_0$
mit $a_0, \ldots, a_{n-1} \in \mathbb{R}$; $a_n \in \mathbb{R}^*$

Eine ganzrationale Funktion entsteht durch Addition mehrerer Potenzfunktionen.

Der größte Exponent n heißt **Grad der Funktion**.

Die Zahlen $a_1, a_2, \ldots, a_n$ heißen **Koeffizienten** (Beizahlen).

Das **Absolutglied** a_0 gibt an, wo der Graph die Ordinatenachse schneidet.

</td></tr>
</table>

Verhalten für $x \to \pm\infty$	$f(x) = a_n x^n + a_{n-1} x^{n-1} + \ldots + a_2 x^2 + a_1 x + a_0$ Asymptotengleichung: $f^*(x) = a_n x^n$ Für $x \to \pm\infty$ verläuft der Graph einer ganzrationalen Funktion wie der Graph des Glieds mit dem größten Exponenten.
Linearfaktor-darstellung	$f(x) = a(x - x_1) \cdot (x - x_2) \cdot \ldots \cdot (x - x_n)$ $x_1, x_2, \ldots, x_n$ sind die **Nullstellen**. Zu jeder Nullstelle $x_1, x_2, \ldots, x_n$ gehört ein Linearfaktor. a ist der Dehnungs-/Stauchungs-/Spiegelungsfaktor
Nullstellen	Eine ganzrationale Funktion n-ten Grades hat höchstens n Nullstellen. Bei einer **einfachen Nullstelle, dreifachen Nullstelle, fünffachen Nullstelle …** schneidet der Graph die Abszissenachse. Bei einer **doppelten Nullstelle, vierfachen Nullstelle, sechsfachen Nullstelle …** berührt der Graph die Abszissenachse. 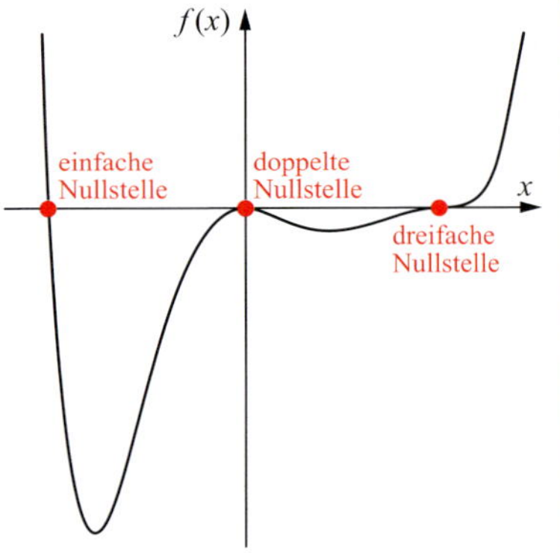

5.6 Gebrochenrationale Funktionen

Definition und Bezeichnung	$f(x) = \dfrac{Z(x)}{N(x)}$	Dabei sind der Zähler $Z(x)$ und der Nenner $N(x)$ Terme ganzrationaler Funktionen. Der Nenner muss die Variable x enthalten, also mindestens 1. Grades sein.
Echt/unecht gebrochenrationale Funktionen	• **echt gebrochenrationale Funktion:** Grad des Zählers < Grad des Nenners • **unecht gebrochenrationale Funktion:** Grad des Zählers ≥ Grad des Nenners	
Hyperbeln	• $f(x) = \dfrac{1}{x^n}$ mit n ungerade	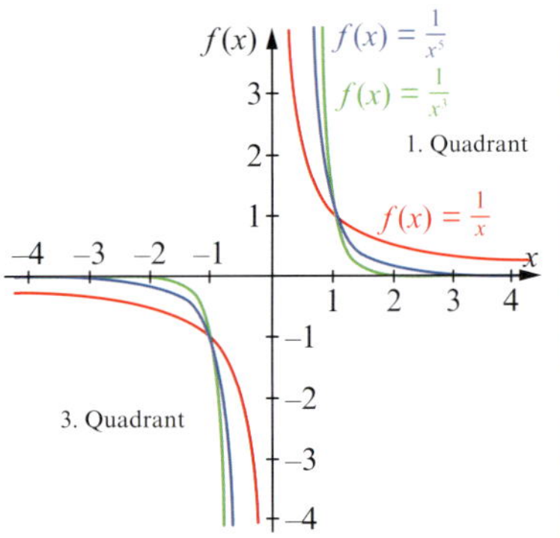

Hyperbeln	• $f(x) = \frac{1}{x^n}$ mit n gerade	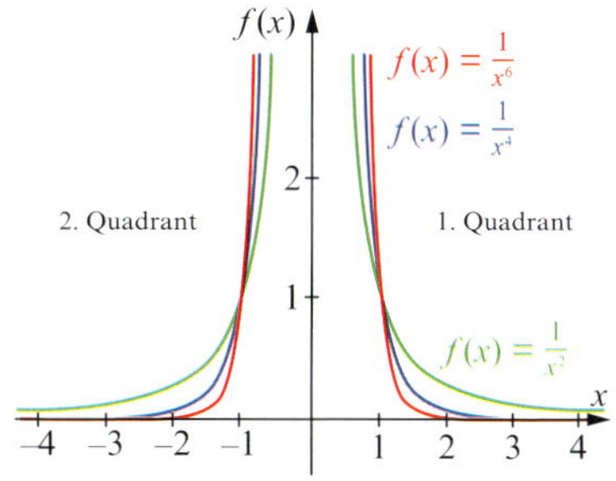
Definitionslücken, Definitionsbereich	Definitionslücken (nicht definierte Stellen $x_{n.d.}$) sind Nennernullstellen und müssen aus dem Definitionsbereich der gebrochenrationalen Funktion ausgeschlossen werden. $N(x) = 0 \Rightarrow$ nicht definierte Stellen $x_{n.d.}$ für $f(x) = \frac{Z(x)}{N(x)}$ $\Rightarrow D_{max}(f) = \mathbb{R} \setminus \{x_{n.d.}\}$	
Polstelle (senkrechte Asymptote)	$N(x_{n.d.}) = 0 \wedge Z(x_{n.d.}) \neq 0$ (Der Nenner ist an der nicht definierten Stelle 0, der Zähler ist dort ungleich 0.)	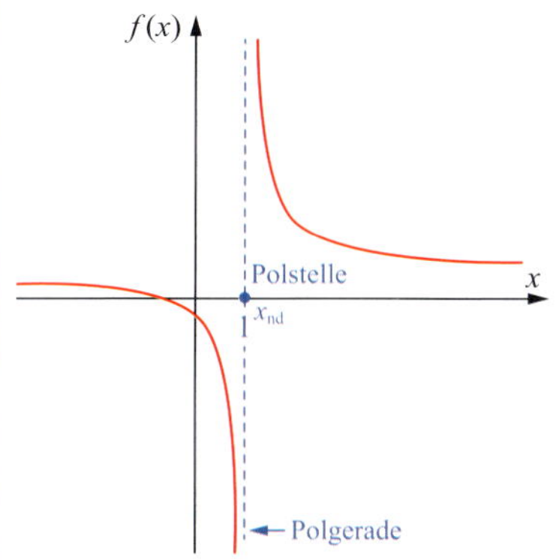
hebbare Lücke (behebbare Lücke, schließbare Lücke)	$N(x_{n.d.}) = 0 \wedge Z(x_{n.d.}) = 0$ (Zähler und Nenner sind an der nicht definierten Stelle 0.)	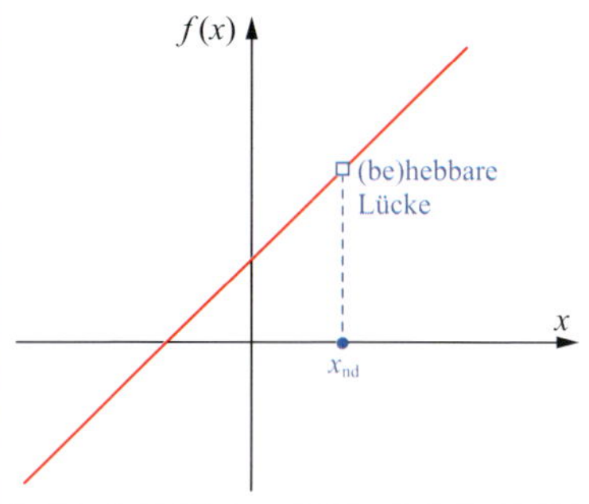

Asymptote	Eine Funktion f^* mit $f^*(x)$, der sich die Funktionswerte einer Funktion f für $x \to \pm\infty$ beliebig nähern, heißt Asymptote. Der Graph der Funktion f schmiegt sich für $x \to \pm\infty$ (für große $\lvert x \rvert$) an den Graphen der Asymptote (**Näherungskurve**) an. Die Gleichung einer Asymptote kann grundsätzlich mit den Grenzwertbetrachtungen $\lim\limits_{x \to -\infty} f(x)$ oder $\lim\limits_{x \to \infty} f(x)$ bestimmt werden.	
Asymptote bei echt gebrochen-rationalen Funktionen	• Grad des Zählers < Grad des Nenners $\Rightarrow$ Asymptotengleichung: $f^*(x) = 0$, die Asymptote liegt auf der x-Achse.	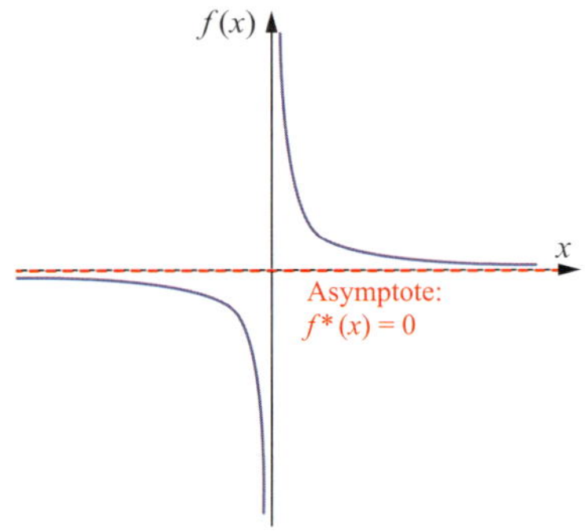
Asymptote bei unecht gebrochenrationalen Funktionen (Grad des Zählers ≥ Grad des Nenners)	Zur Bestimmung der Asymptotengleichung wird bei unecht gebrochenrationalen Funktionen vor der Grenzwertbetrachtung eine **Polynomdivision** durchgeführt.	
	• Grad des Zählers = Grad des Nenners $\Rightarrow$ Asymptotengleichung: $f^*(x) = b$ mit $b \neq 0$	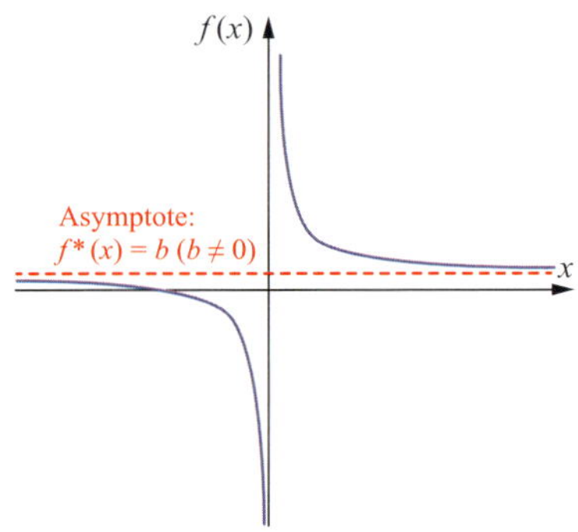
	• Grad des Zählers um 1 größer als der Grad des Nenners $\Rightarrow$ Asymptotengleichung: $f^*(x) = mx + b$ mit $m \neq 0$	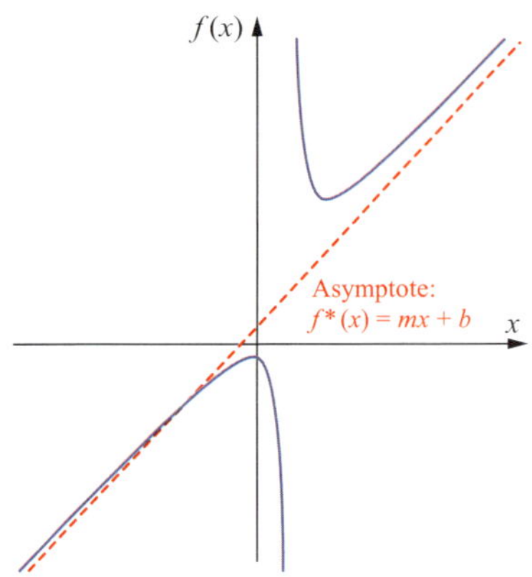

<table>
<tr><td></td><td>

- Grad des Zählers um mindestens 2 größer als der Grad des Nenners
$\Rightarrow$ Die Asymptote ist nicht linear.

</td><td>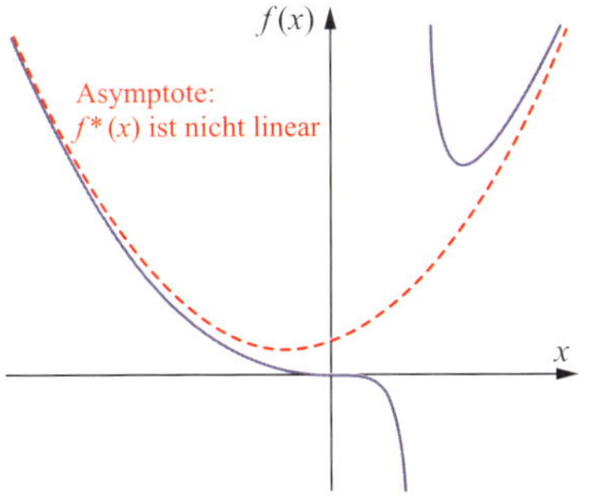
</td></tr>
</table>

5.7 Exponentialfunktionen

<table>
<tr><td>Explizite Darstellung</td><td>$f(x) = b^x$</td><td rowspan="2">Die Basis $b \in \mathbb{R}_+^* \setminus \{1\}$ gibt die Vervielfachung der Funktionswerte für eine Erhöhung des x-Wertes um jeweils eine Einheit an (Wachstumsfaktor, Vervielfachungsfaktor).
Bei Veränderung um einen Prozentsatz p ist
$b = 1 \pm p$.</td></tr>
<tr><td>Rekursive Darstellung</td><td>$f(x + 1) = f(x) \cdot b$
$\Leftrightarrow b = \dfrac{f(x+1)}{f(x)}$</td></tr>
<tr><td rowspan="3">Exponentielles Wachstum</td><td>

- **Exponentielle Zunahme:**
$f(x) = b^x$
mit $\boldsymbol{b > 1}$

</td><td>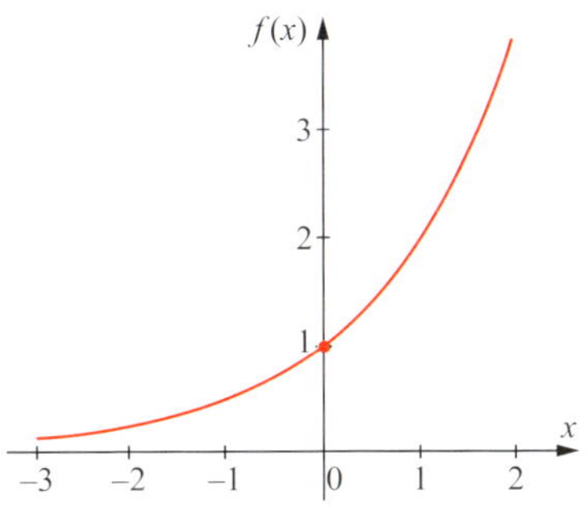
</td></tr>
<tr><td>

- **Exponentielle Abnahme** (exponentieller Zerfall):
$f(x) = b^x$
mit $\boldsymbol{0 < b < 1}$

</td><td>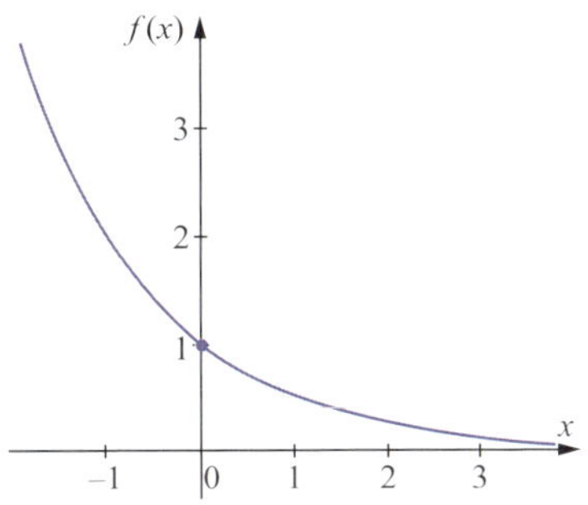
</td></tr>
<tr><td colspan="2">Die Graphen von $f(x) = b^x$ und $f(x) = b^{-x} = \left(\frac{1}{b}\right)^x$ verlaufen zueinander achsensymmetrisch zur Ordinatenachse.</td></tr>
</table>

Parametervariation für $f(x) = a \cdot b^{dx+f} + c$	$f(x) = a \cdot b^x$	$a \in \mathbb{R}^*$ ist der Dehnungs-, Stauchungs- oder Spiegelungsfaktor (Formfaktor). $\vert a \vert > 1$: Dehnung in $f(x)$-Richtung (Ordinatenrichtung) $\vert a \vert < 1$: Stauchung in $f(x)$-Richtung (Ordinatenrichtung) $a < 0$: Spiegelung an der Abszissenachse a gibt den Ordinatenabschnitt an der Stelle $x = 0$ an: $f(0) = a$
	$f(x) = b^x + c$	c gibt die Verschiebung des Graphen in $f(x)$-Richtung an.
	$f(x) = b^{dx}$	d gibt die Dehnung/Stauchung des Graphen mit dem Faktor $\frac{1}{d}$ in x-Richtung an. Diese Dehnung oder Stauchung entspricht einer Potenzierung des Wachstumsfaktors b mit d: $f(x) = b^{dx} = \left(b^d\right)^x$
	$f(x) = b^{x+f}$	f gibt die Verschiebung des Graphen in x-Richtung entgegen dem Vorzeichen von f an. Die Verschiebung des Graphen um f in x-Richtung entspricht einer Streckung des Graphen mit dem Faktor b^f in Ordinatenrichtung: $f(x) = b^{x+f} = b^x \cdot b^f = b^f \cdot b^x$
	$f(x) = b^{dx+f} = b^{d\left(x+\frac{f}{d}\right)}$	Sind die Parameter d und f *zusammen* im Exponenten enthalten, dann bewirkt d ein Dehnung oder Stauchung des Graphen in x-Richtung mit dem Faktor $\frac{1}{d}$ und f eine Verschiebung des Graphen in x-Richtung entgegen dem Vorzeichen von f um $\frac{f}{d}$.
e-Funktion	$f(x) = e^x$	Eine Exponentialfunktion mit der Euler'schen Zahl e als Basis heißt e-Funktion.
Euler'sche Zahl e	$\lim\limits_{x \to \infty} \left(1 + \frac{1}{x}\right)^x = e \approx 2{,}71828$	
Umwandlung einer Exponentialfunktion in eine e-Funktion	$f(x) = b^x \Leftrightarrow f(x) = e^{\ln(b) \cdot x} = e^{x \cdot \ln b}$	

6 Differenzialrechnung

6.1 Grundbegriffe

Differenzenquotient	$P_1\big(x_1/f(x_1)\big);\ P_2\big(x_2/f(x_2)\big)$ Sekantensteigung: $m_s = \dfrac{\Delta f}{\Delta x}$ $m_s = \dfrac{f(x_2) - f(x_1)}{x_2 - x_1}$ oder $P_1\big(x/f(x)\big);\ P_2\big(x + h/f(x + h)\big)$ Sekantensteigung: $m_s = \dfrac{\Delta f}{\Delta x}$ $m_s = \dfrac{f(x + h) - f(x)}{h}$	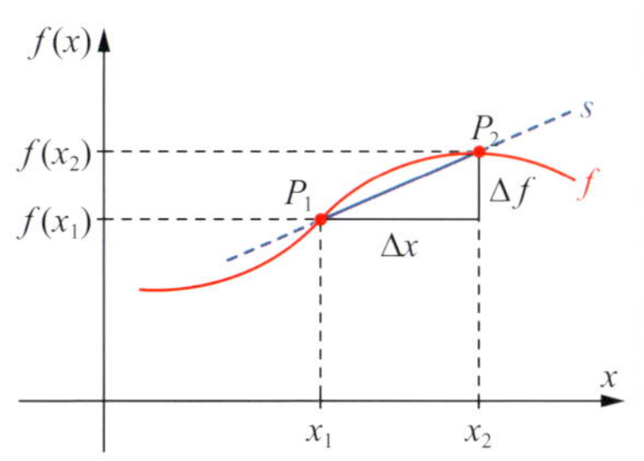 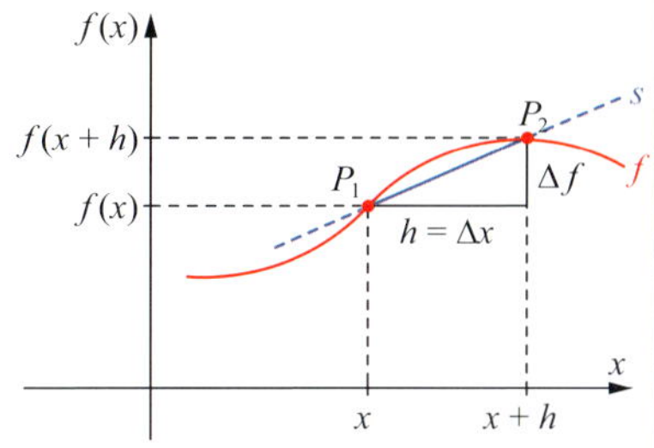
	Grafisch gibt der Differenzenquotient die Steigung m_s einer **Sekante** s zwischen zwei Punkten P_1 und P_2 an. Funktionsbezogen gibt der Differenzenquotient die **durchschnittliche (mittlere) Änderungsrate** der jeweiligen Funktionswerte zwischen zwei Abszissenwerten an.	
Differenzialquotient, Ableitung	$P\big(x/f(x)\big)$ $f'(x) = \lim\limits_{h \to 0} \dfrac{f(x + h) - f(x)}{h}$ oder $f'(x) = \lim\limits_{\Delta x \to 0} \dfrac{\Delta f}{\Delta x} = \dfrac{\mathrm{d}f}{\mathrm{d}x}$ mit den Differenzialen $\mathrm{d}f$ und $\mathrm{d}x$.	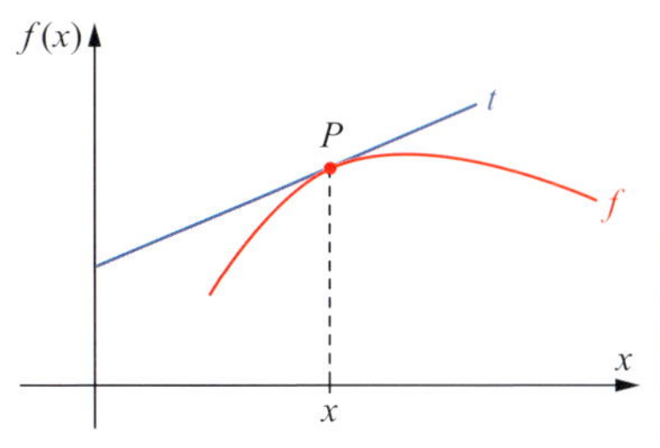

	Differenziale sind beliebig kleine Teilstücke. Hier ist $\mathrm{d}f$ also ein beliebig kleines Teilstück von Δf und $\mathrm{d}x$ ein beliebig kleines Teilstück von Δx.
	Grafisch gibt der Differenzialquotient (die Ableitung) die Steigung m_t der **Tangente** t in einem Punkt P an. Die Steigung der Tangente an den Graphen an einer Stelle ist identisch mit der Steigung des Graphen an dieser Stelle. Funktionsbezogen gibt der Differenzialquotient (die Ableitung) die **momentane (punktuelle) Änderungsrate** der jeweiligen Funktionswerte an einer Stelle x an.

6.2 Ableitungsregeln (Differenziationsregeln)

Potenzregel	$f(x) = x^n$	$\Rightarrow f'(x) = n \cdot x^{n-1}$
Faktorregel	$f(x) = a \cdot u(x)$	$\Rightarrow f'(x) = a \cdot u'(x)$
Potenz- mit Faktorregel	$f(x) = a \cdot x^n$	$\Rightarrow f'(x) = a \cdot n \cdot x^{n-1}$
Summenregel, Differenzregel	$f(x) = u(x) \pm v(x)$	$\Rightarrow f'(x) = u'(x) \pm v'(x)$
Produktregel	$f(x) = u(x) \cdot v(x)$	$\Rightarrow f'(x) = u'(x) \cdot v(x) + u(x) \cdot v'(x)$
Quotientenregel	$f(x) = \dfrac{u(x)}{v(x)}$	$\Rightarrow f'(x) = \dfrac{u'(x) \cdot v(x) - u(x) \cdot v'(x)}{\left[v(x)\right]^2}$
Kettenregel	$f(x) = ä\left[i(x)\right]$	$\Rightarrow f'(x) = ä'\left[i(x)\right] \cdot i'(x)$ In Worten: Ableitung der äußeren Funktion $ä$ (unter Beibehaltung der inneren Funktion i) mal Ableitung i' der inneren Funktion.

6.3 Ableitung der Grundfunktionen

Grundfunktion $f(x)$	**1. Ableitung $f'(x)$**	**2. Ableitung $f''(x)$**
$f(x) = a$	$f'(x) = 0$	$f''(x) = 0$
$f(x) = b^x$	$f'(x) = b^x \cdot \ln b$	$f''(x) = b^x \cdot (\ln b)^2$
$f(x) = e^x$	$f'(x) = e^x$	$f''(x) = e^x$
$f(x) = \log_b x$	$f'(x) = \frac{1}{x \cdot \ln b}$	$f''(x) = -\frac{1}{x^2}\ln b$
$f(x) = \ln x$	$f'(x) = \frac{1}{x}$	$f''(x) = -\frac{1}{x^2}$
$f(x) = \sqrt{x}$	$f'(x) = \frac{1}{2\sqrt{x}}$	$f''(x) = -\frac{1}{4x\sqrt{x}}$
$f(x) = \sin x$	$f'(x) = \cos x$	$f''(x) = -\sin x$
$f(x) = \cos x$	$f'(x) = -\sin x$	$f''(x) = -\cos x$

6.4 Extrempunkte und Monotonie

Begriffe

Lokale Extrempunkte
höchste und tiefste Punkte eines Funktionsgraphen in seiner „näheren Umgebung"

Lokaler Hochpunkt
höchster Punkt eines Funktionsgraphen in seiner „näheren Umgebung"

- **Lokale Maximalstelle**
Abszisse des lokalen Hochpunktes
- **Lokales Maximum**
Ordinate des lokalen Hochpunktes

Lokaler Tiefpunkt
tiefster Punkt eines Funktionsgraphen in seiner „näheren Umgebung"

- **Lokale Minimalstelle**
Abszisse des lokalen Tiefpunktes
- **Lokales Minimum**
Ordinate des lokalen Tiefpunktes

	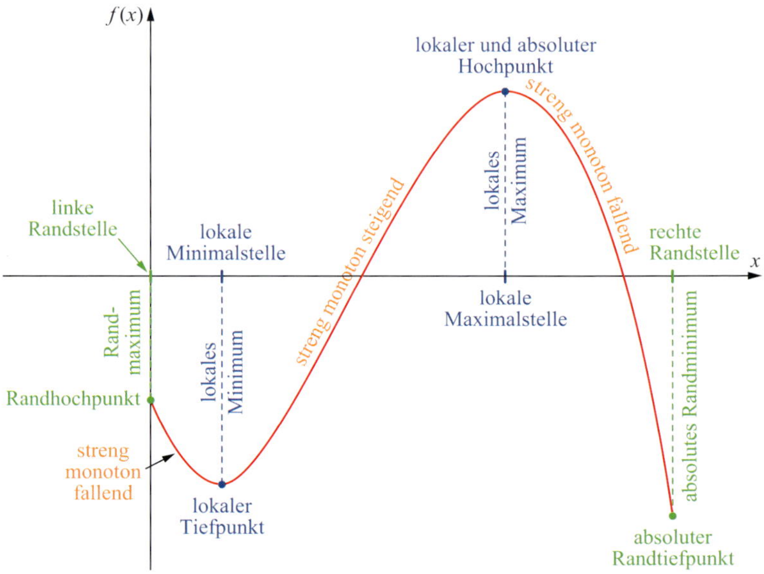	
Hochpunkt	notwendige Bedingung: $f'(x) = 0$ hinreichende Bedingung: $f'(x) = 0$ und $f''(x_E) < 0$ oder: $f'(x) = 0$ und Vorzeichenwechsel von $f'(x)$ bei x_E von + nach − mit wachsendem x	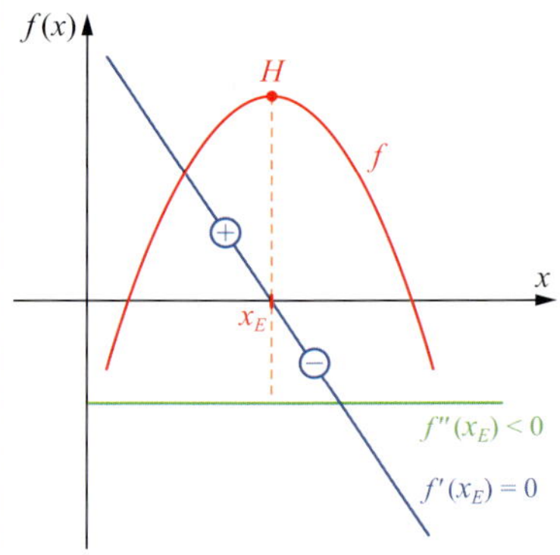
Tiefpunkt	notwendige Bedingung: $f'(x) = 0$ hinreichende Bedingung: $f'(x) = 0$ und $f''(x_E) > 0$ oder: $f'(x) = 0$ und Vorzeichenwechsel von $f'(x)$ bei x_E von − nach + mit wachsendem x	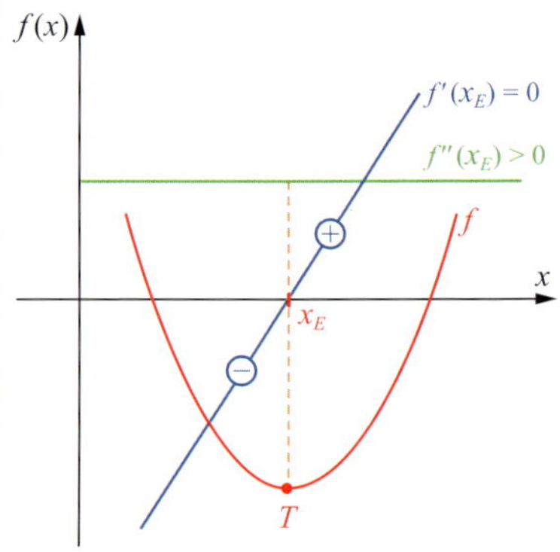
Monotonie	$f'(x) > 0$	⇒ streng monoton wachsend (steigend)
	$f'(x) < 0$	⇒ streng monoton abnehmend (fallend)

6.5 Wendepunkte und Krümmung

Begriffe	Der Punkt W eines Funktionsgraphen, in dem sich sein Krümmungsverhalten ändert, heißt **Wendepunkt**. Die Abszisse x_w des Wendepunktes heißt **Wendestelle**. Die Steigung eines Graphen ist im Wendepunkt am kleinsten oder am größten (je nach Änderung des Krümmungsverhaltens). Bei einer **Rechtskrümmung** nimmt die Steigung des Funktionsgraphen ab. Bei einer **Linkskrümmung** nimmt die Steigung des Funktionsgraphen zu. Eine Tangente an den Graphen im Wendepunkt heißt **Wendetangente**.	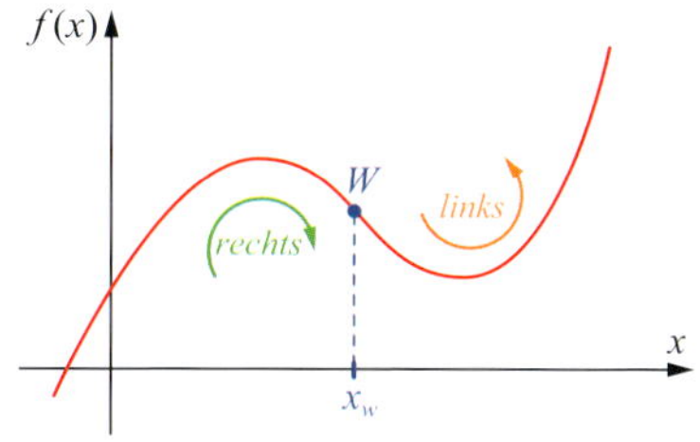 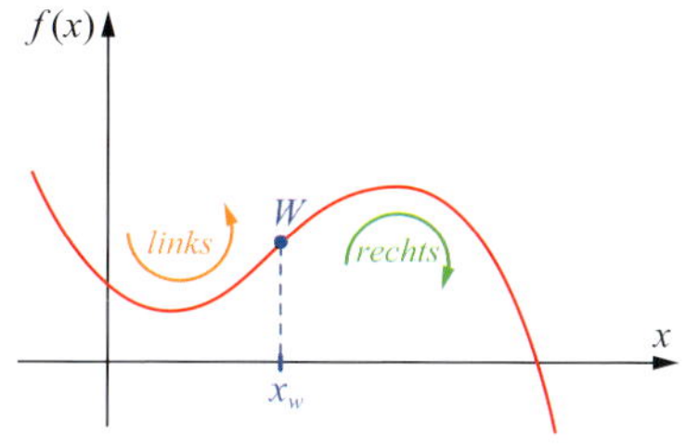
Wende-punkt	notwendige Bedingung: $f''(x) = 0$ hinreichende Bedingung: $f''(x) = 0$ und $f'''(x_W) \neq 0$ oder: $f''(x) = 0$ und Vorzeichenwechsel von $f''(x)$ bei x_W	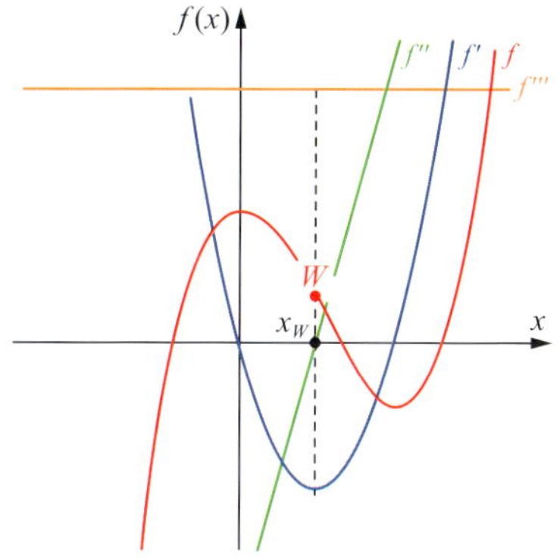
Sattelpunkt	notwendige Bedingung: $f'(x) = 0$ und $f''(x_W) = 0$ hinreichende Bedingung: $f'(x) = 0$ und $f''(x_W) = 0$ und $f'''(x) \neq 0$ oder: $f'(x) = 0$ und $f''(x_W) = 0$ und Vorzeichenwechsel von $f''(x)$ bei x_W	Ein Wendepunkt mit waagerechter Tangente heißt Sattelpunkt. 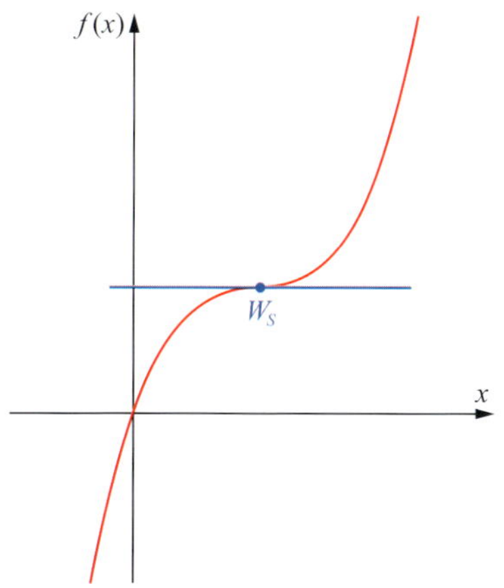

Krümmung	$f''(x) > 0$	$\Rightarrow$ Linkskrümmung
	$f''(x) < 0$	$\Rightarrow$ Rechtskrümmung

6.6 Progressiv oder degressiv steigender oder fallender Verlauf eines Graphen

		$f''(x)$	
		$f''(x) > 0$ $\Rightarrow$ Graph linksgekrümmt	$f''(x) < 0$ $\Rightarrow$ Graph rechtsgekrümmt
$f'(x)$	$f'(x) > 0$ $\Rightarrow$ Graph steigt	Graph steigt progressiv 	Graph steigt degressiv 
	$f'(x) < 0$ $\Rightarrow$ Graph fällt	Graph fällt degressiv 	Graph fällt progressiv 

7 Integralrechnung

7.1 Grundbegriffe

Stamm-funktion	Eine Funktion F heißt Stammfunktion von f, wenn $F'(x) = f(x)$ ist.	
Unbestimmtes Integral	$\int f(x)\,\mathrm{d}x = F(x) + C$	$F(x) + C$ ist die Menge aller Stammfunktionen zu $f(x)$. Zu einer Funktion f gibt es unendlich viele Stammfunktionen F, die sich nur durch die **Integrationskonstante** C unterscheiden.
Bestimmtes Integral (Hauptsatz der Differenzial- und Integral-rechnung)	$\int_a^b f(x)\,\mathrm{d}x = \left[F(x)\right]_a^b = F(b) - F(a)$	$F(b) - F(a)$ ist eine reelle Zahl. a: **untere Integrationsgrenze** b: **obere Integrationsgrenze** $f(x)$: **Integrand** x: **Integrationsvariable** $\mathrm{d}x$: **Differenzial** von x (ein beliebig kleines Teilstück von Δx)

Eigenschaften des bestimmten Integrals	$\int_a^a f(x)\,dx = 0$ $\int_a^b f(x)\,dx = -\int_b^a f(x)\,dx$ $\int_a^c f(x)\,dx = \int_a^b f(x)\,dx + \int_b^c f(x)\,dx \quad (\text{für } b \in [a; c])$

7.2 Integrationsregeln

Potenzregel	$\int x^n\,dx;\ n \neq -1$	$= \frac{1}{n+1}x^{n+1} + C$
Faktorregel	$\int a \cdot f(x)\,dx = a \cdot \int f(x)\,dx$	Ein konstanter Faktor bleibt beim Integrieren erhalten und kann auch vor das Integral gezogen werden.
Potenz- mit Faktorregel	$\int ax^n\,dx;\ n \neq -1$	$= \frac{1}{n+1}ax^{n+1} + C$
Summenregel, Differenzregel	$\int \big(u(x) \pm v(x)\big)\,dx$ $= \int u(x)\,dx \pm \int v(x)\,dx$	Summen und Differenzen von Funktionen dürfen gliedweise integriert werden.

7.3 Grundintegrale und weitere Integrale

$\int 0\,dx = C$	
$\int a\,dx = ax + C$	
$\int x\,dx = \frac{1}{2}x^2 + C$	
$\int x^n\,dx = \frac{1}{n+1}x^{n+1} + C$	$n \neq -1$
$\int \frac{1}{x}\,dx = \ln\lvert x\rvert + C$	$x \neq 0$
$\int \sqrt{x}\,dx = \frac{2}{3}\sqrt{x^3} + C$	$x > 0$

$\int a^x \,\mathrm{d}x = \frac{a^x}{\ln a} + C$	$a > 0;\ a \neq 1$
$\int e^x \,\mathrm{d}x = e^x + C$	
$\int \ln x \,\mathrm{d}x = x \cdot \ln\lvert x\rvert - x + C$	$x > 0;\ x \neq 1$
$\int \frac{1}{x \cdot \ln b} \,\mathrm{d}x = \log_b x + C$	$b \neq 1;\ x > 0$
$\int \sin x \,\mathrm{d}x = -\cos x + C$	
$\int \cos x \,\mathrm{d}x = \sin x + C$	

7.4 Flächenberechnungen

Orientierte Flächenmaßzahl	Wenn über einem Intervall $[a; b]$ die Funktionswerte größer oder gleich 0 sind, dann liegt die Fläche zwischen Funktionsgraph und Abszissenachse *oberhalb* der Abszissenachse. Das $\int_a^b f(x)\,\mathrm{d}x$ führt dann zu einem positiven Ergebnis, die orientierte Maßzahl I der Fläche ist dann *positiv*.	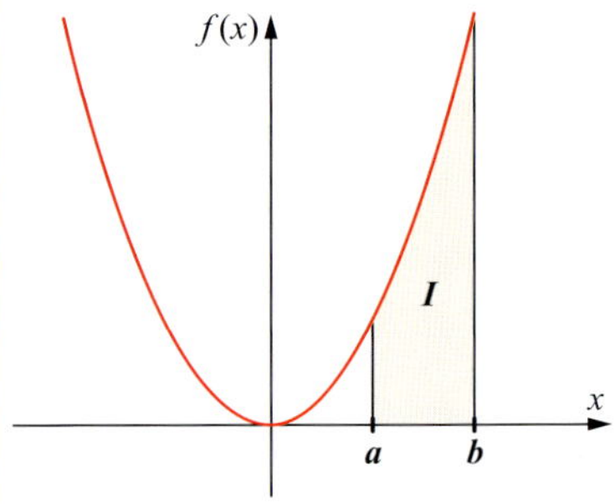
	Wenn über einem Intervall $[a; b]$ die Funktionswerte kleiner oder gleich 0 sind, dann liegt die Fläche zwischen Funktionsgraph und Abszissenachse *unterhalb* der Abszissenachse. Das $\int_a^b f(x)\,\mathrm{d}x$ führt dann zu einem negativen Ergebnis. Die orientierte Maßzahl I der Fläche ist dann *negativ*.	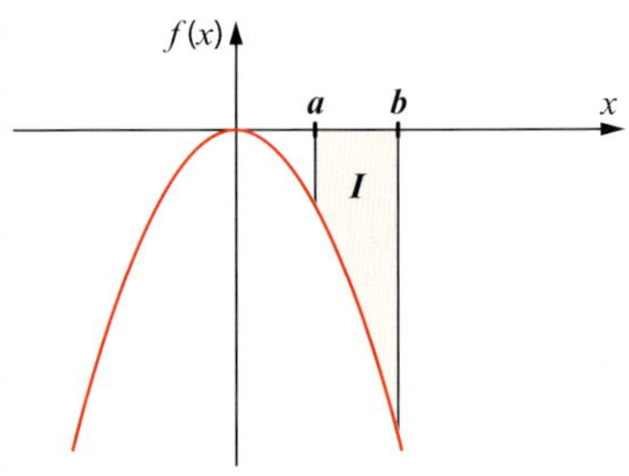
	Wenn über einem Intervall $[a; b]$ die Flächen oberhalb *und* unterhalb der Abszissenachse liegen, dann wird mit dem bestimmten Integral $I = \int_a^b f(x)\,\mathrm{d}x$ die **Flächenbilanz** ermittelt. Die Maßzahlen der Flächen oberhalb der Abszissenachse mit positivem Vorzeichen und orientierte Maßzahlen von Flächen unterhalb der Abszissenachse mit negativem Vorzeichen werden „verrechnet".	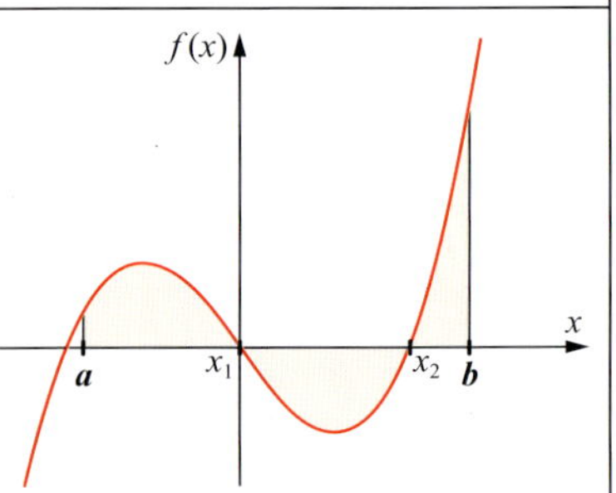

	• $\int_a^b f(x)\,dx > 0$, wenn die Maßzahlen der Flächen oberhalb der Abszissenachse größer sind als die Beträge der negativen Maßzahlen der Flächen unterhalb der Abszissenachse. • $\int_a^b f(x)\,dx < 0$, wenn die Beträge der negativen Maßzahlen der Flächen unterhalb der Abszissenachse größer sind als die Maßzahlen der Flächen oberhalb der Abszissenachse. • $\int_a^b f(x)\,dx = 0$, wenn die Beträge der negativen Maßzahlen der Flächen unterhalb der Abszissenachse genau so groß sind wie die Maßzahlen der Flächen oberhalb der Abszissenachse.	
Tatsächliche Flächenmaßzahl	Die *tatsächliche* Maßzahl einer Fläche ist der Betrag der orientierten Flächenmaßzahl und damit immer positiv.	
	• **Fläche oberhalb der Abszissenachse:** $I = \int_a^b f(x)\,dx$, wenn $f(x) \geq 0$ für alle $x \in [a;\, b]$	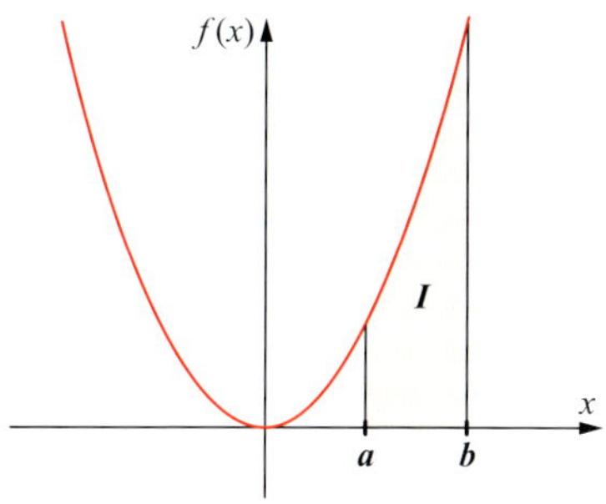
	• **Fläche unterhalb der Abszissenachse:** $I = \left\| \int_a^b f(x)\,dx \right\|$, wenn $f(x) \leq 0$ für alle $x \in [a;\, b]$	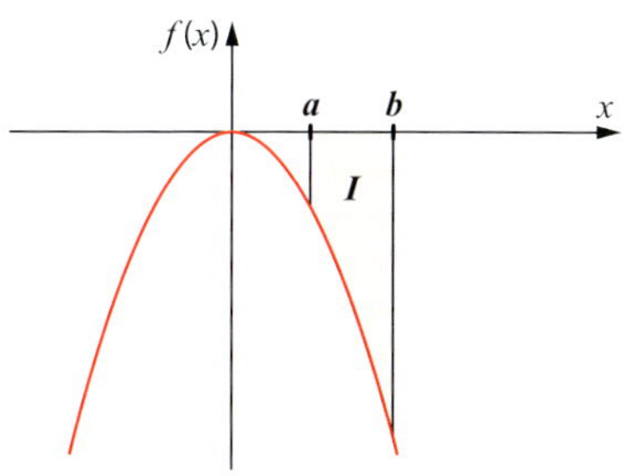
	• **Fläche ober- und unterhalb der Abszissenachse:** $I = \left\| \int_a^{x_1} f(x)\,dx \right\| + \left\| \int_{x_1}^{x_2} f(x)\,dx \right\| + \left\| \int_{x_2}^{b} f(x)\,dx \right\|$, wenn $f(x)$ in $[a;\, b]$ Nullstellen x_1, x_2 mit Vorzeichenwechsel hat.	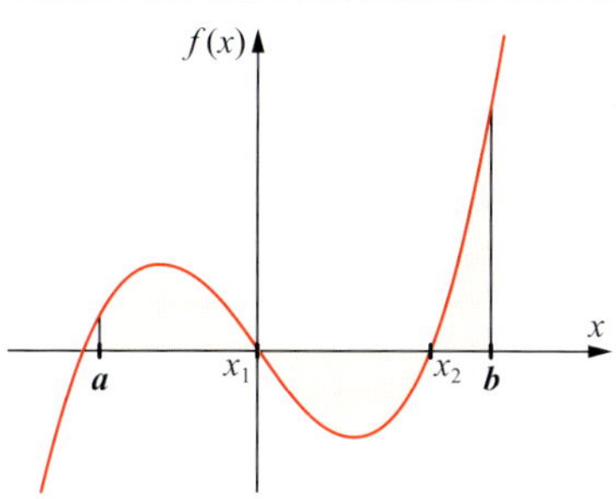

- **Flächen zwischen Funktionsgraphen:**
  $h(x) \geq g(x)$ in $[a; b]$,
  oder
  $f(x) \geq h(x)$ in $[a; b]$
  $$I = \left| \int_a^b \left[g(x) - h(x) \right] \mathrm{d}x \right|$$
  oder mit der
  Differenzfunktion:
  $f_{\text{diff}}(x) = g(x) - h(x)$
  $$I = \left| \int_a^b f_{\text{diff}}(x) \, \mathrm{d}x \right|$$

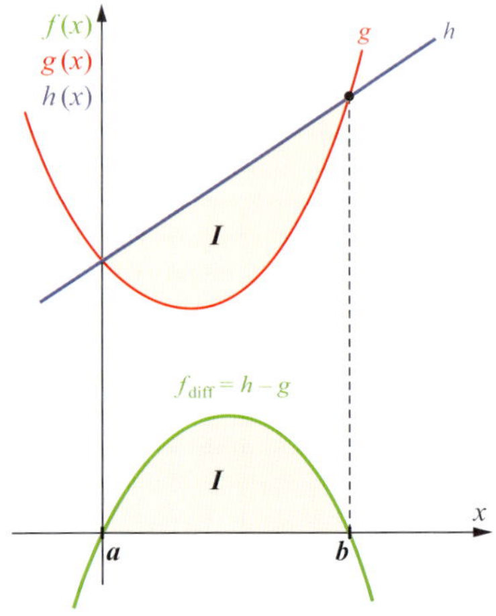

Die Graphen von h und g schneiden sich in $[a; b]$, wobei x_S die Schnittstelle der Graphen miteinander ist.

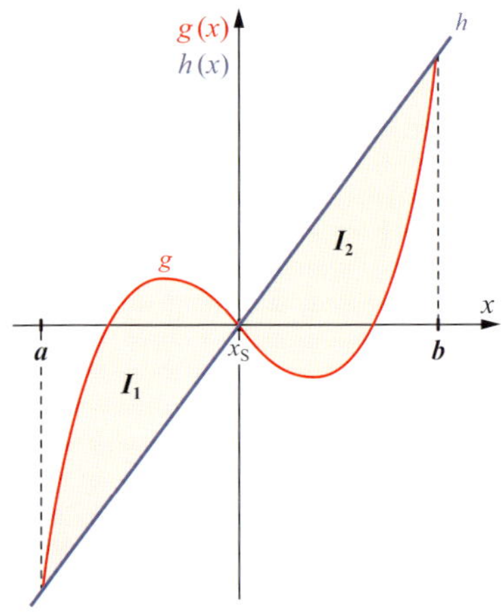

$$I = \left| \int_a^{x_S} \left[f_{\text{diff}}(x) \right] \mathrm{d}x \right| + \left| \int_{x_S}^b \left[f_{\text{diff}}(x) \right] \mathrm{d}x \right|$$

$$= \left| \int_a^{x_S} \left[g(x) - h(x) \right] \mathrm{d}x \right|$$

$$+ \left| \int_{x_S}^b \left[g(x) - h(x) \right] \mathrm{d}x \right|$$

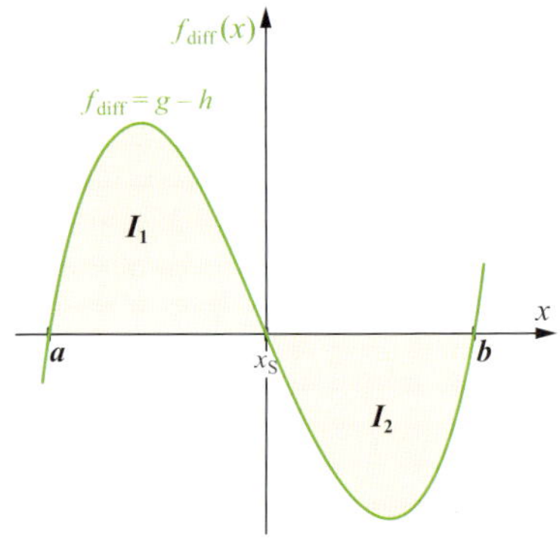

7.5 Uneigentliche Integrale

Begriff	Kann der Inhalt einer „ins Unendliche“ reichenden Fläche mithilfe einer Grenzwertbetrachtung bestimmt werden, so sagt man, es existiert ein uneigentliches Integral.	
Integration über ein unbeschränktes Intervall	$\int\limits_a^{\infty} f(x)\,\mathrm{d}x = \lim\limits_{b \to \infty} \int\limits_a^b f(x)\,\mathrm{d}x$	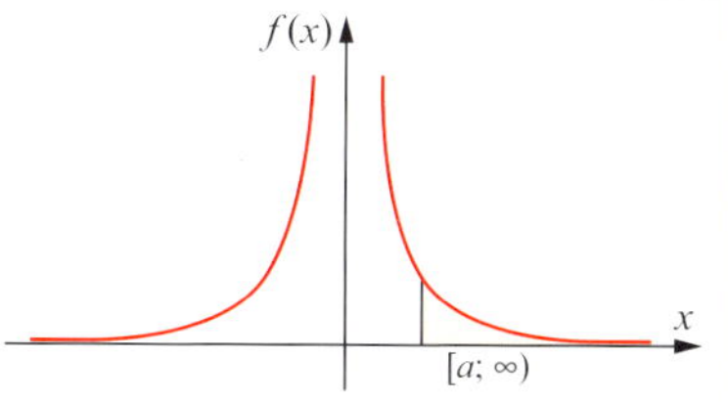
	$\int\limits_{-\infty}^{b} f(x)\,\mathrm{d}x = \lim\limits_{a \to -\infty} \int\limits_a^b f(x)\,\mathrm{d}x$	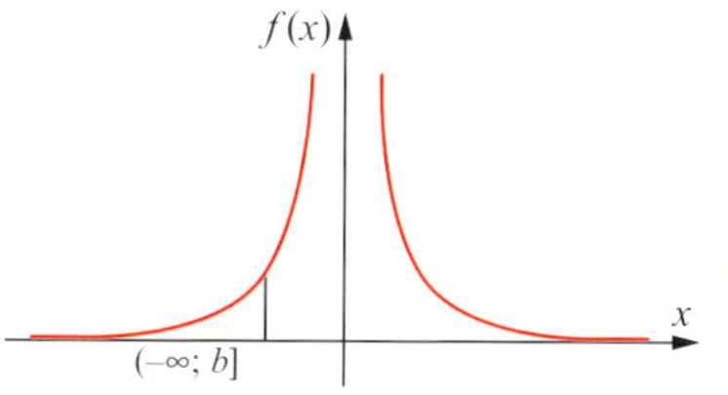
Integration einer unbeschränkten Funktion	$\int\limits_{x_{\text{n.d.}}}^{a} f(x)\,\mathrm{d}x = \lim\limits_{c \to x_{\text{n.d.}}} \int\limits_c^a f(x)\,\mathrm{d}x$ $x_{\text{n.d.}}$ ist eine Polstelle.	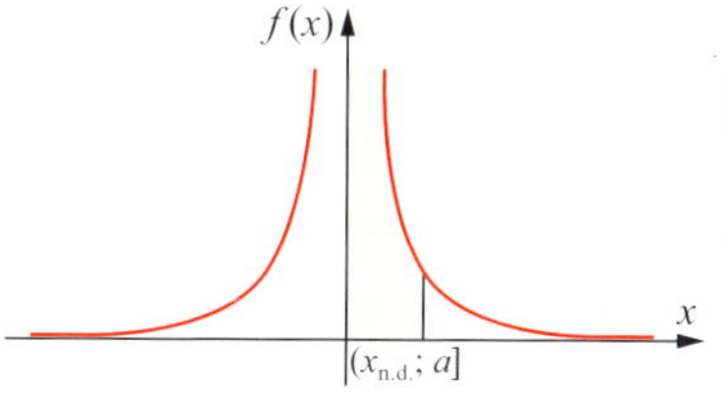
	$\int\limits_{b}^{x_{\text{n.d.}}} f(x)\,\mathrm{d}x = \lim\limits_{c \to x_{\text{n.d.}}} \int\limits_b^c f(x)\,\mathrm{d}x$ $x_{\text{n.d.}}$ ist eine Polstelle.	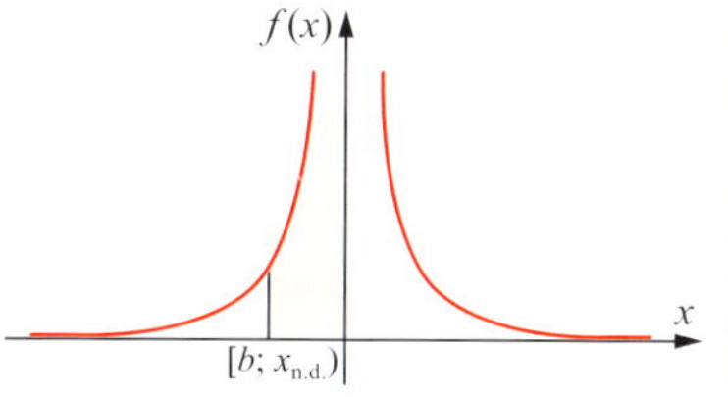

7.6 Rekonstruktion von Beständen

Rekonstruktion von Beständen	Gibt der Graph einer Funktion f die momentane Änderungsrate einer Größe an (ist f also der Graph einer Ableitungsfunktion), dann stellt der Inhalt der Fläche zwischen dem Ableitungsgraph und der Abszissenachse über einem Intervall die kumulierte (angehäufte) Gesamtgröße (den Gesamtbestand) für dieses Intervall dar. In der Grafik ist dieser Zusammenhang am Beispiel der Absatzgeschwindigkeit a und des kumulierten Gesamtabsatzes A verdeutlicht. 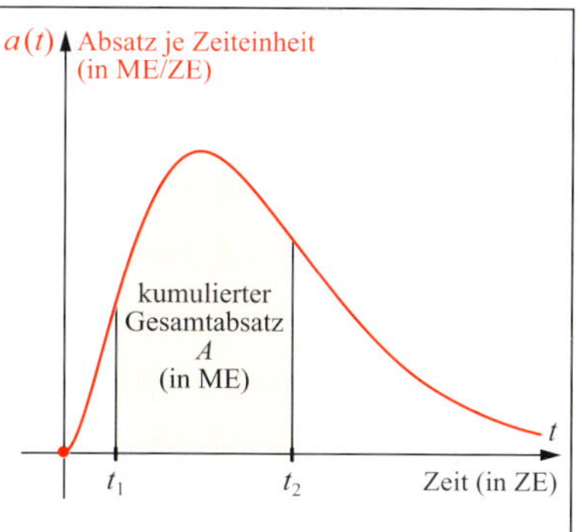

8 Wachstumsprozesse und Differenzialgleichungen

8.1 Lineares Wachstum

<table>
<tr><td></td><td colspan="2">Bei linearem Wachstum nimmt der Bestand in jeweils einem Zeitschritt immer um denselben Betrag m zu oder ab.</td></tr>
<tr><td>Lineare Zunahme</td><td>Explizite Darstellung für lineare Zunahme:
$f(x) = mx + b$ mit $m, b > 0$
b: Anfangsbestand zum Zeitpunkt $x = 0$</td><td>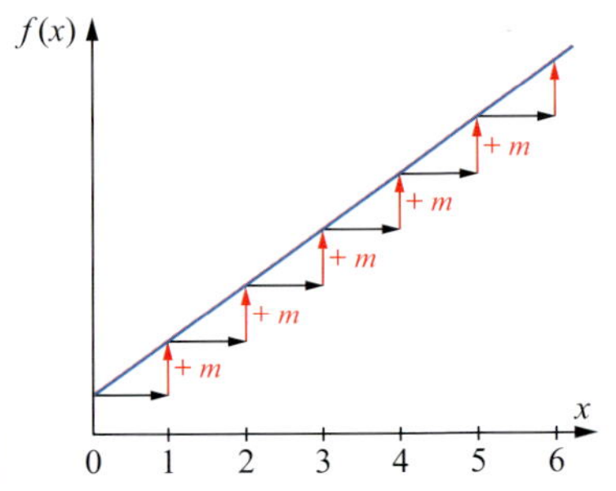</td></tr>
<tr><td>Lineare Abnahme</td><td>Explizite Darstellung für lineare Abnahme:
$f(x) = -mx + b$
mit $m, b > 0$
b: Anfangsbestand zum Zeitpunkt $x = 0$</td><td>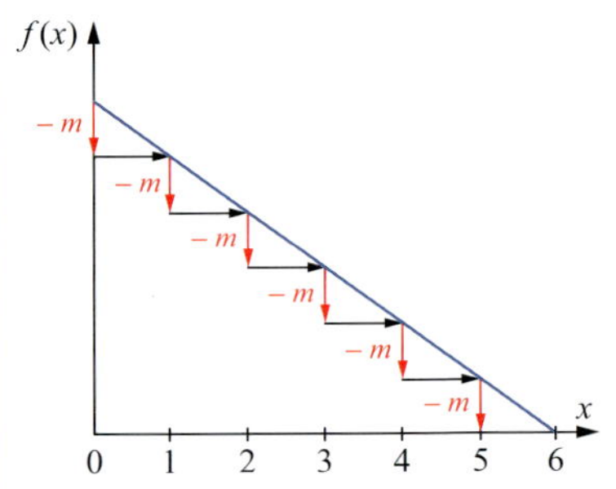</td></tr>
<tr><td>Rekursive Darstellung</td><td>$f(x + 1) = f(x) + m$
$\Leftrightarrow m = f(x + 1) - f(x)$</td><td>Der Funktionswert an der Stelle $x + 1$ ergibt sich, wenn zum Funktionswert an der Stelle x jeweils der Wachstumssummand m addiert (subtrahiert) wird.</td></tr>
<tr><td>Differenzialgleichung für lineares Wachstum</td><td>$f'(x) = b$</td><td>Die Wachstumsgeschwindigkeit $f'(x)$ ist konstant.</td></tr>
</table>

8.2 Exponentielles Wachstum

	Bei exponentiellem Wachstum verändert sich der Bestand in jeweils einem Zeitschritt immer mit demselben **Wachstumsfaktor** oder **Zerfallsfaktor** b.	
Exponentielle Zunahme	**Explizite Darstellung** • **als Exponentialfunktion:** $f(x) = a \cdot b^x$ mit $b > 1$ • **als e-Funktion:** $f(x) = a \cdot e^{(\ln b) \cdot x} = a \cdot e^{kx}$ mit $k = \ln b$; $k > 0$ a: Anfangsbestand zum Zeitpunkt $x = 0$ b: Wachstumsfaktor (Bei gegebenem Prozentsatz p ist $b = 1 + p$.) $k = \ln b$ ist positiv und heißt **Wachstumskonstante**	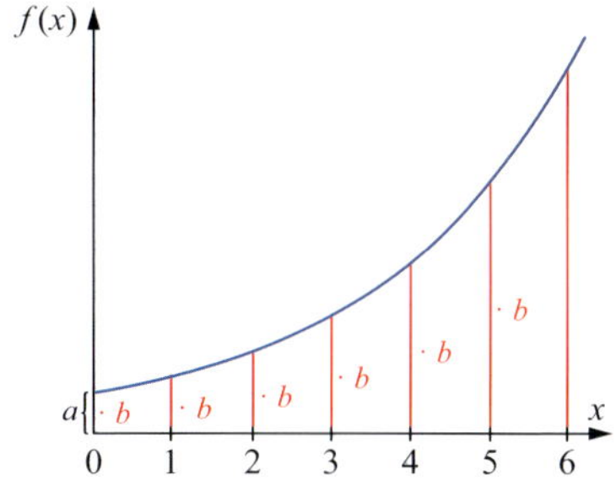
Exponentielle Abnahme	**Explizite Darstellung** • **als Exponentialfunktion:** $f(x) = a \cdot b^x$ mit $0 < b < 1$ • **als e-Funktion:** $f(x) = a \cdot e^{(\ln b) \cdot x} = a \cdot e^{kx}$ a: Anfangsbestand zum Zeitpunkt $x = 0$ b: Wachstumsfaktor (Bei gegebenem Prozentsatz p mit $0 < p < 1$ ist $b = 1 - p$.) $k = \ln b$ ist negativ und heißt **Zerfallskonstante**	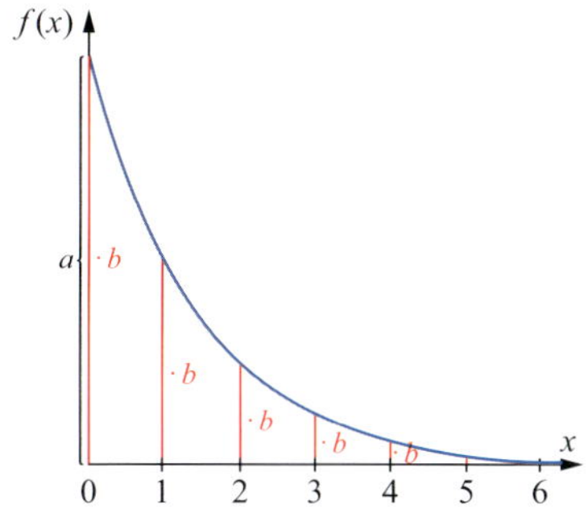
Rekursive Darstellung	$f(x + 1) = f(x) \cdot b$ $\Leftrightarrow b = \dfrac{f(x+1)}{f(x)}$	Der Funktionswert an der Stelle $x + 1$ ergibt sich, wenn der Funktionswert an der Stelle x jeweils mit dem **Wachstumsfaktor** b multipliziert wird. Für $b > 1$: exponentielle Zunahme, für $0 < b < 1$: exponentielle Abnahme.
Differenzialgleichung für exponentielles Wachstum	$f'(x) = f(x) \cdot k$	Die **Wachstumsgeschwindigkeit** $f'(x)$ ist proportional zum Bestand $f(x)$.

8.3 Begrenztes Wachstum

Begrenztes Wachstum kennzeichnet, dass das **Sättigungsmanko** m exponentiell abnimmt und sich dadurch der Bestand f langfristig einer **Sättigungsgrenze** g nähert.

Begriffe

Bestand f = Sättigungsgrenze g − Sättigungsmanko m (s. Grafiken unten)

$f(x) = g - m(x)$

mit Sättigungsmanko $m(x) = a \cdot b^x$, mit $0 < b < 1$

Bei gegebenem Prozentsatz $p (0 < p < 1)$ für die jeweilige prozentuale Abnahme des Sättigungsmankos in einem Zeitschritt ist der Wachstumsfaktor b des Sättigungsmankos $b = 1 - p$.

$f(x) = g - a \cdot b^x$ mit $0 < b < 1$

$a = g - f(0)$: Sättigungsmanko zum Zeitpunkt $x = 0$

$f(0) = g - a$: Anfangsbestand zum Zeitpunkt $x = 0$

Begrenzte Zunahme

Explizite Darstellung

- **als Exponentialfunktion:**
  $f(x) = g - a \cdot b^x$
  mit $b = 1 - p$, also $0 < b < 1$
- **als e-Funktion:**
  $f(x) = g - a \cdot e^{(\ln b) \cdot x}$
  $= g - a \cdot e^{k \cdot x}$

  mit $k < 0$, weil $k = \ln b$ und $0 < b < 1$

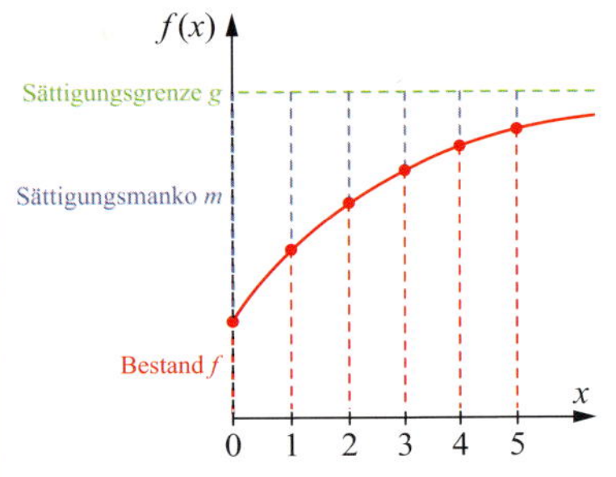

Für begrenzte Zunahme:
$a > 0$ und Sättigungsgrenze $g >$ Anfangsbestand $f(0)$

Begrenzte Abnahme

Explizite Darstellung

- **als Exponentialfunktion:**
  $f(x) = g - a \cdot b^x$
  mit $b = 1 - p$, also $0 < b < 1$
- **als e-Funktion:**
  $f(x) = g - a \cdot e^{(\ln b) \cdot x}$
  $= g - a \cdot e^{k \cdot x}$

  mit $k < 0$, weil $k = \ln b$ und $0 < b < 1$

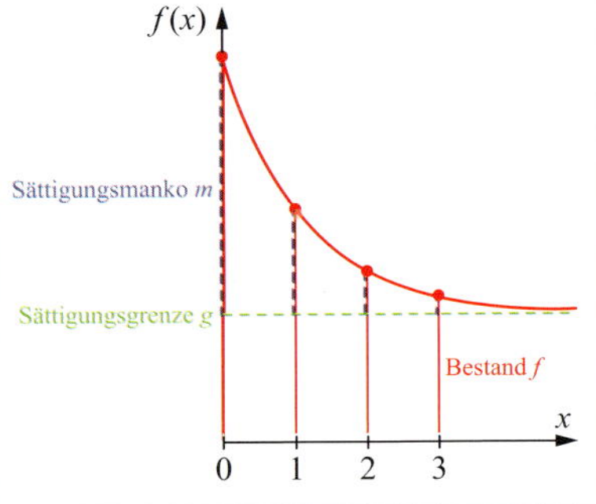

Für begrenzte Abnahme:
$a < 0$ und Sättigungsgrenze $g <$ Anfangsbestand $f(0)$

Rekursive Darstellung

$f(x+1) = f(x) + \big(g - f(x)\big) \cdot p$

mit dem Prozentsatz p: $0 < p < 1$

Differenzialgleichung für begrenztes Wachstum	$f'(x) = \big(g - f(x)\big) \cdot (-k)$ mit $k < 0$	Die **Wachstumsgeschwindigkeit** $f'(x)$ ist proportional zum Sättigungsmanko $g - f(x)$.

8.4 Logistisches Wachstum

Begriffe	Logistisches Wachstum kennzeichnet, dass der **Bestand f** zunächst annähernd exponentiell unbeschränkt wächst und an der Wendestelle x_W in begrenztes Wachstum übergeht. Der Bestand f strebt im Zeitablauf gegen eine **Sättigungsgrenze g**. 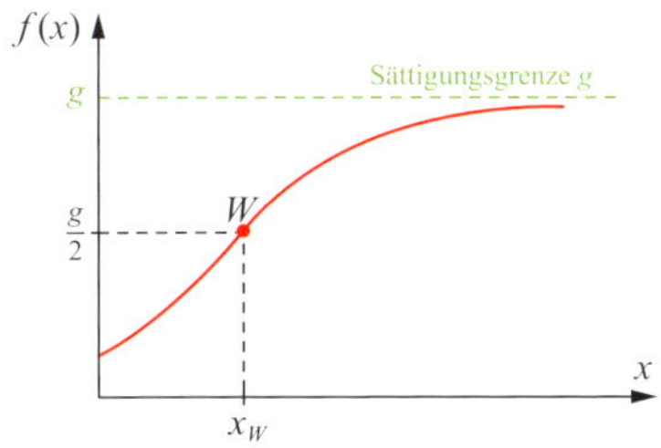 Die Wachstumsgeschwindigkeit $f'(x)$ ist bei logistischem Wachstum an der Wendestelle x_W maximal. Der Bestand f hat an der Wendestelle x_W die halbe Sättigungsgrenze erreicht: $f(x_W) = \frac{g}{2}$	
Explizite Darstellung	• $f(x) = \dfrac{g}{1 + a \cdot e^{-bx}}$ Mit $a = \dfrac{g}{f(0)} - 1$ und $b = k \cdot g$ gilt dann: $f(x) = \dfrac{g}{1 + \left(\frac{g}{f(0)} - 1\right) \cdot e^{-kgx}}$ $a = \dfrac{g}{f(0)} - 1$ $\Leftrightarrow f(0) = \dfrac{g}{a + 1}$ $\Leftrightarrow g = f(0) \cdot (a + 1)$	$a, b, c > 0$ $a = \dfrac{\text{Sättigungsgrenze } g}{\text{Anfangsbestand } f(0)} - 1$ b = Wachstumskonstante k mal Sättigungsgrenze g
Differenzialgleichung für logistisches Wachstum	$f'(x) = f(x) \cdot \big(g - f(x)\big) \cdot k$ mit $k > 0$	Die **Wachstumsgeschwindigkeit** $f'(x)$ ist proportional zum Bestand $f(x)$ *und* zum Sättigungsmanko $g - f(x)$.

8.5 Vergiftetes Wachstum

Begriffe	Ausgehend von einem Anfangsbestand a nimmt der Bestand f zunächst zu, weil die sog. **Geburtenrate** g größer als die **Sterberate** s ist. Weil sich proportional mit der Zeit x die Sterberate s erhöht und größer als die Geburtenrate g wird, nimmt der Bestand f später ab und strebt langfristig gegen 0.	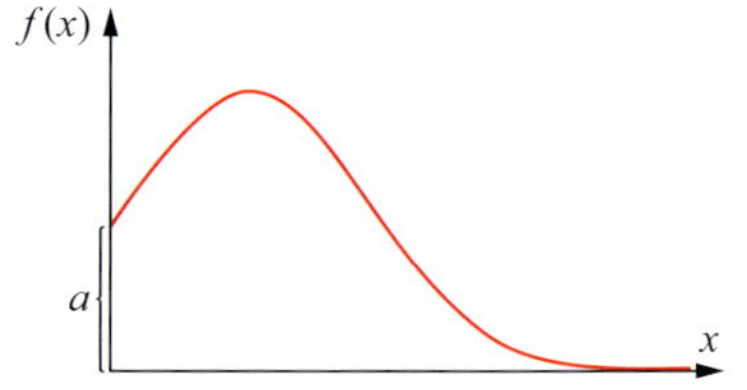
Explizite Darstellung	$f(x) = a \cdot e^{gx - \frac{1}{2}sx^2}$ mit $a, s, g > 0$	a: Anfangsbestand $f(0)$ g: Geburtenrate sx: Sterberate s proportional zur Zeit x
Differenzialgleichung für vergiftetes Wachstum	$f'(x) = f(x) \cdot (g - sx)$	Im Gegensatz zum exponentiellen Wachstum nimmt der Wachstumsfaktor $(g - sx)$ mit der Zeit x ab.

9 Wirtschaft

9.1 Kosten, Erlös, Gewinn

Gesamtkostenfunktion	$K(x) = K_v(x) + K_f(x)$	Gesamtkosten K $=$ variable Kosten K_v $+$ Fixkosten K_f 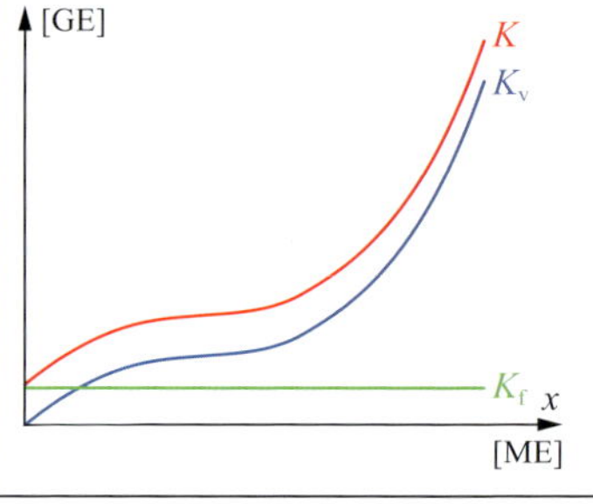
Funktion der variablen Gesamtkosten	$K_v(x) = K(x) - K_f(x)$ $K_v(x) = K(x) - K(0)$	
Funktion der fixen Gesamtkosten	$K_f(x) = K(x) - K_v(x)$ $K_f(x) = K(0)$	

Funktion der gesamten (totalen) Stückkosten (Durchschnittskosten)	$k(x) = \frac{K(x)}{x}$	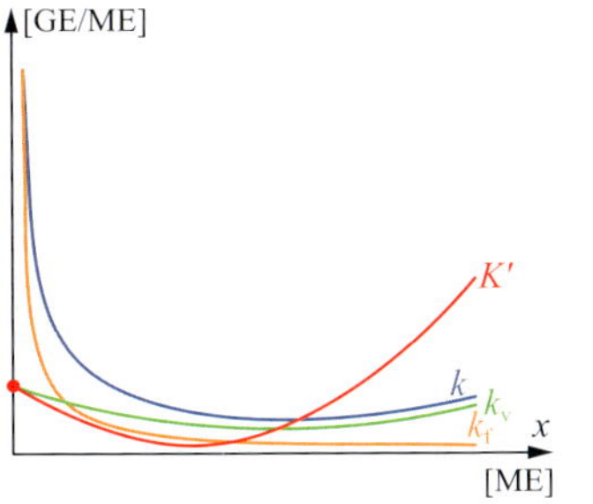
Funktion der variablen Stückkosten	$k_v(x) = \frac{K_v(x)}{x}$	
Funktion der fixen Stückkosten	$k_f(x) = \frac{K_f(x)}{x}$	
Grenzkostenfunktion	$K'(x)$ (1. Ableitung der Gesamtkostenfunktion)	
Betriebsoptimum	Das Betriebsoptimum x_{BO} ist die Tiefstelle der Stückkostenkurve k. Es gilt: $k'(x) = 0 \wedge k''(x_{BO}) > 0$ oder: Das Betriebsoptimum x_{BO} ist gleichzeitig die Schnittstelle der Grenzkostenkurve K' mit der Stückkostenkurve k. Es gilt: $K'(x) = k(x)$	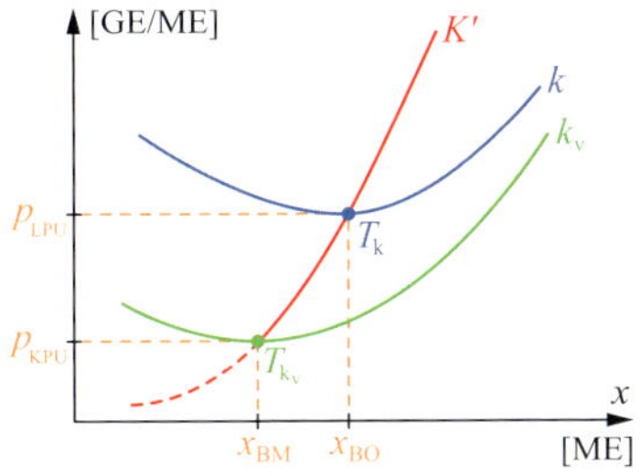
Langfristige Preisuntergrenze	$p_{LPU} = k(x_{BO})$ oder: $p_{LPU} = K'(x_{BO})$	
Betriebsminimum	Das Betriebsminimum x_{BM} ist die Tiefstelle der Kurve der variablen Stückkosten k_v. Es gilt: $k_v'(x) = 0 \wedge k_v''(x_{BM}) > 0$ oder: Das Betriebsminimum x_{BM} ist gleichzeitig die Schnittstelle der Grenzkostenkurve K' mit der Kurve der variablen Stückkosten k_v. Es gilt: $K'(x) = k_v(x)$	
Kurzfristige Preisuntergrenze	$p_{KPU} = k_v(x_{BM})$ oder: $p_{KPU} = K'(x_{BM})$	

Polypol	**Preis-Absatz-Funktion im Polypol:** $p(x) = p$ mit $p > 0$	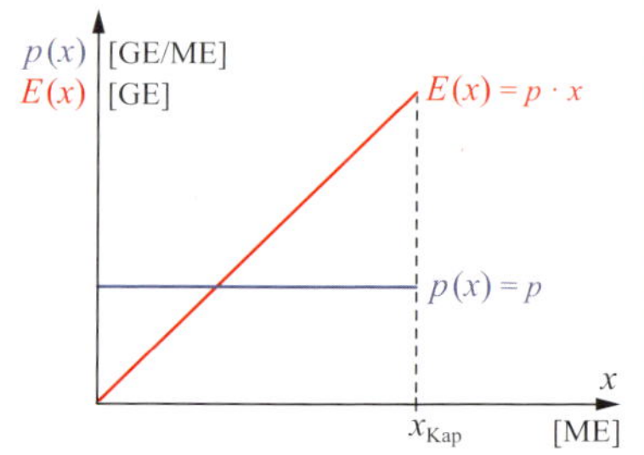
	Erlösfunktion im Polypol: $E(x) = p \cdot x$ mit $p > 0$	
	Grenzerlösfunktion im Polypol: $E'(x) = p$	1. Ableitung der Erlösfunktion
	Erlösmaximale Produktionsmenge im Polypol: $x_{E_{max}} = x_{Kap}$	Die erlösmaximale Produktionsmenge des Polypolisten ist die Kapazitätsgrenze x_{Kap} des Betriebes (s. Grafik oben).
	Erlösmaximum im Polypol: $E_{max} = E(x_{Kap})$	Das Erlösmaximum des Polypolisten ist der Funktionswert der Erlösgeraden an der Kapazitätsgrenze x_{Kap} (s. Grafik oben).
Monopol	**Preis-Absatz-Funktion im Monopol:** $p(x) = -mx + b$ mit $m, b > 0$	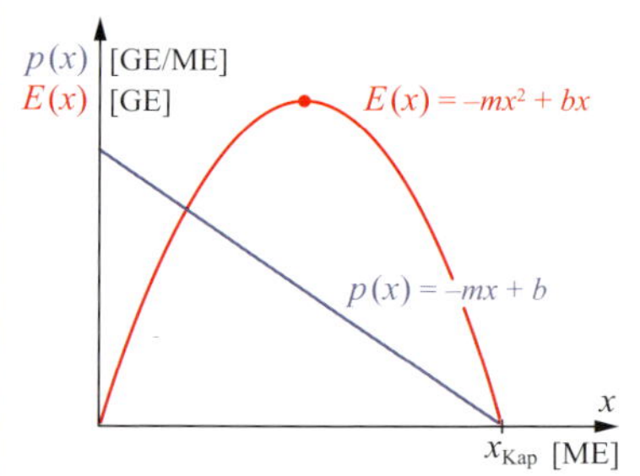
	Erlösfunktion im Monopol: $E(x) = p(x) \cdot x$ $E(x) = -mx^2 + bx$ mit $m, b > 0$	
	Grenzerlösfunktion im Monopol: $E'(x) = -2mx + b$	1. Ableitung der Erlösfunktion
	Erlösmaximale Produktionsmenge im Monopol: $E'(x) = 0 \wedge E''(x) < 0$ $\Rightarrow x_{E_{max}}$	Die erlösmaximale Produktionsmenge des Monopolisten ist der x-Wert des Hochpunktes der Erlöskurve (s. Grafik oben).
	Erlösmaximum im Monopol: $E_{max} = E(x_{E_{max}})$	Das Erlösmaximum des Monopolisten ist der Funktionswert des Hochpunktes der Erlöskurve (s. Grafik oben).

Gewinnfunktion	$G(x) = E(x) - K(x)$	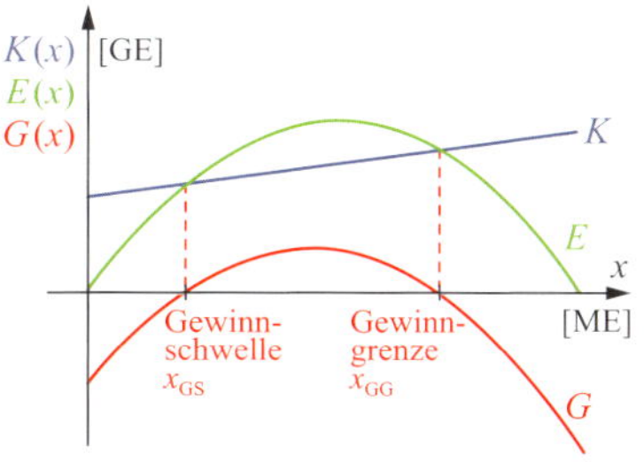
Gewinnschwelle (Break-even-Point, Nutzenschwelle)	$G(x) = 0$ Die 1. Nullstelle von $G(x)$ für $x > 0$ ist die Gewinnschwelle x_{GS}. oder: $E(x) = K(x)$ Die 1. Schnittstelle von $E(x)$ mit $K(x)$ für $x > 0$ ist die Gewinnschwelle x_{GS}.	
Gewinngrenze (Nutzengrenze)	$G(x) = 0$ Die 2. Nullstelle von $G(x)$ für $x > 0$ ist die Gewinngrenze x_{GG} oder: $E(x) = K(x)$ Die 2. Schnittstelle von $E(x)$ mit $K(x)$ für $x > 0$ ist die Gewinngrenze x_{GG}.	(s. Grafik oben)
Grenzgewinnfunktion	$G'(x)$	1. Ableitung der Gewinnfunktion
Gewinnmaximale Produktionsmenge	$G'(x) = 0 \wedge G''(x) < 0$ $\Rightarrow x_{G_{max}}$	Die gewinnmaximale Produktionsmenge ist der x-Wert des Hochpunktes der Gewinnkurve (s. Grafik unten).
Gewinnmaximum	$G_{max} = G(x_{G_{max}})$	Das Gewinnmaximum ist der Funktionswert des Hochpunktes der Gewinnkurve (s. Grafik unten).
Cournot'scher Punkt	$C(x_C/p_C)$ Die gewinnmaximale Ausbringungsmenge im Monopol $x_{G_{max}}$ heißt **Cournot'sche Menge** x_C. **Cournot'scher Preis:** $p_C = p(x_{G_{max}})$	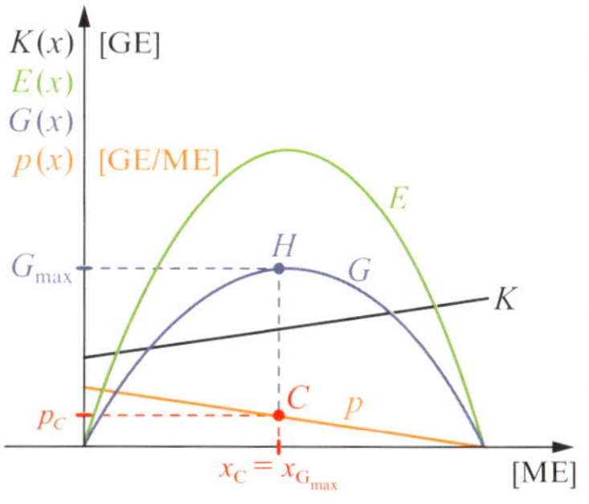

9.2 Minimalkostenkombination

Isokostenfunktion	Aus $K = x \cdot p_x + y \cdot p_y$ folgt: I_K mit $y(x) = -\frac{p_x}{p_y} \cdot x + \frac{K}{p_y}$ p_x: Preis für eine Mengeneinheit des Produktionsfaktors x p_y: Preis für eine Mengeneinheit des Produktionsfaktors y K: Kostenbudget, das für die Produktion zur Verfügung steht	Eine Isokostenfunktion I_K gibt alle Kombinationsmöglichkeiten zweier Produktionsfaktoren x und y (z. B. Arbeit und Kapital) in ME an, die gleich hohe Kosten K bei der Produktion eines Gutes verursachen. Der Graph einer Isokostenfunktion ist eine Gerade mit der allgemeinen Form $y(x) = -mx + b$ mit $m, b > 0$. Der Graph heißt **Isokostengerade** (s. Grafik unten).
Isoquantenfunktion	I_P mit $y(x) = \frac{a}{x+b} + c$; $a > 0,\ b \leq 0,\ c \geq 0$ a: Dehnungs-, Stauchungs-, Spiegelungsfaktor (Formfaktor) b: Verschiebung in x-Richtung entgegen dem Vorzeichen von b $\Rightarrow$ Polstelle: $x = -b$ c: Verschiebung in y-Richtung entsprechend dem Vorzeichen von c $\Rightarrow$ Asymptote: $y^*(x) = c$	Eine Isoquantenfunktion I_P gibt alle Kombinationsmöglichkeiten zweier Produktionsfaktoren x und y (z. B. Arbeit und Kapital) in ME an, die zu einer gleich hohen Produktionsmenge P führen. Der Graph der Isoquantenfunktion ist eine **Hyperbel** und heißt **Isoquante** (s. Grafik unten).
Minimalkostenkombination	Die Minimalkostenkombination B gibt die optimale Kombination zweier Produktionsfaktoren x und y in ME an, mit der eine bestimmte Produktionsmenge zu minimalen Kosten hergestellt werden kann. Im **Berührpunkt** B (**Tangentialpunkt**) ist die Steigung der Isokostengeraden $I_K'(x) = m$ gleich der Steigung der Isoquante $I_p'(x)$: $m = I_p'(x)$ $-\frac{p_x}{p_y} = -\frac{a}{(x+b)^2} \Rightarrow x_B$	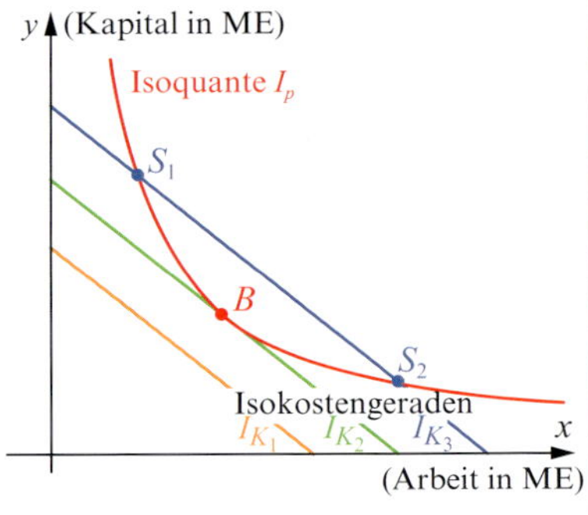

9.3 Angebot und Nachfrage, Marktgleichgewicht

Nachfrage-funktion **(Preis-Absatz-Funktion im Monopol)**	$p_N(x) = -mx + b$ mit $m, b > 0$ **Höchstpreis (Prohibitivpreis):** $p_H = p_N(0)$ **Sättigungsmenge:** $p_N(x) = 0 \Rightarrow x_S$ Also: $p_N(x) = \frac{p_H}{x_S} \cdot x + p_H$	Der Graph einer gesamtwirtschaftlichen Nachfragefunktion fällt streng monoton, weil mit sinkendem Preis die Nachfrage zunimmt, bzw. mit steigendem Preis die Nachfrage abnimmt. 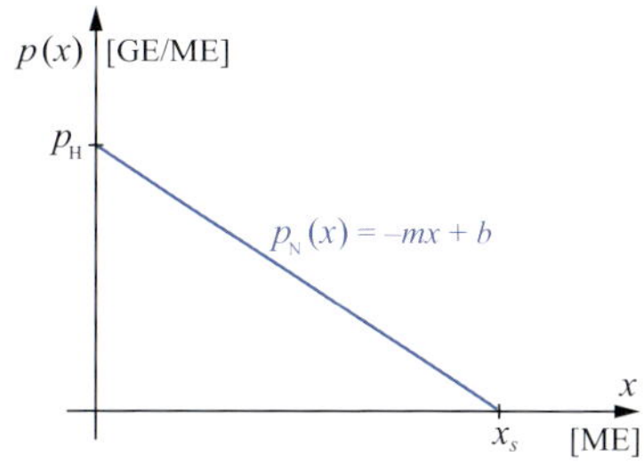
Angebotsfunktion	$p_A(x) = mx + b$ mit $m, b > 0$ **Mindestangebotspreis:** $p_M = p_A(0)$	Der Graph einer gesamtwirtschaftlichen Angebotsfunktion steigt streng monoton, weil mit steigendem Preis auch das Angebot zunimmt, bzw. mit sinkendem Preis das Angebot abnimmt. 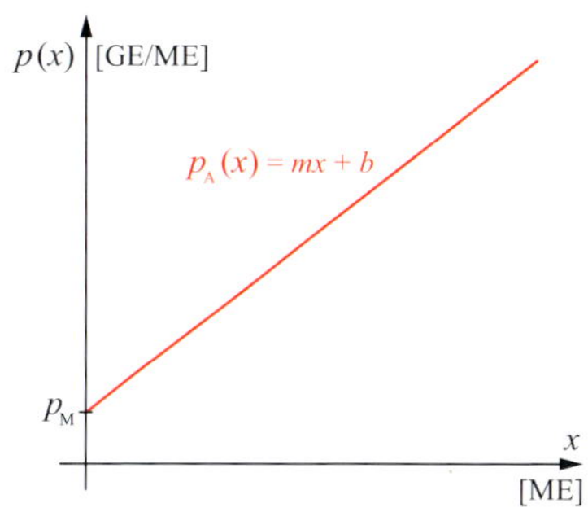
Markt-gleichgewicht	$G(x_G/p_G)$ $p_A(x) = p_N(x)$ $\Rightarrow$ **Gleichgewichtsmenge** x_G **Gleichgewichtspreis:** $p_G = p_N(x_G)$ oder: $p_G = p_A(x_G)$	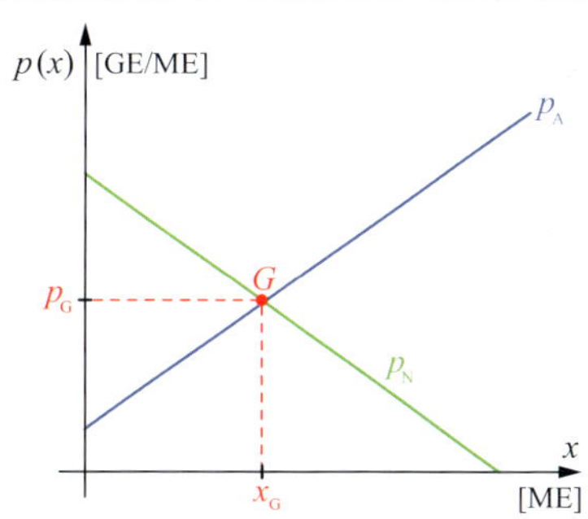

Markt-ungleichgewicht	• Der Marktpreis p ist kleiner als der Gleichgewichtspreis p_G $\Rightarrow$ **Nachfrageüberschuss** (auch: **Nachfrageüberhang):** $x_{\mathrm{N}}(p) - x_{\mathrm{A}}(p)$	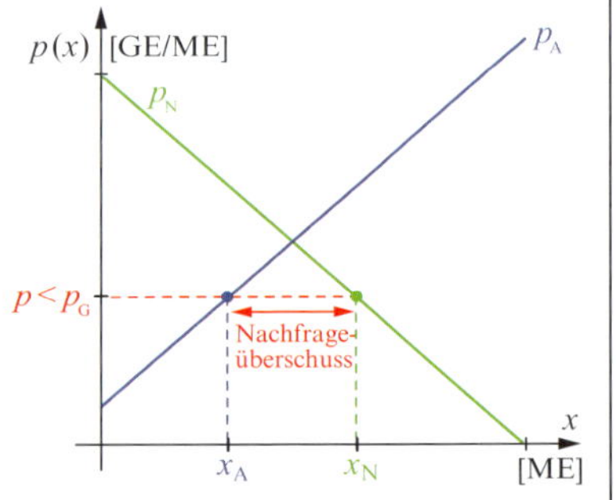
	• Der Marktpreis p ist größer als der Gleichgewichtspreis p_G $\Rightarrow$ **Angebotsüberschuss:** (auch: **Angebotsüberhang**): $x_{\mathrm{A}}(p) - x_{\mathrm{N}}(p)$	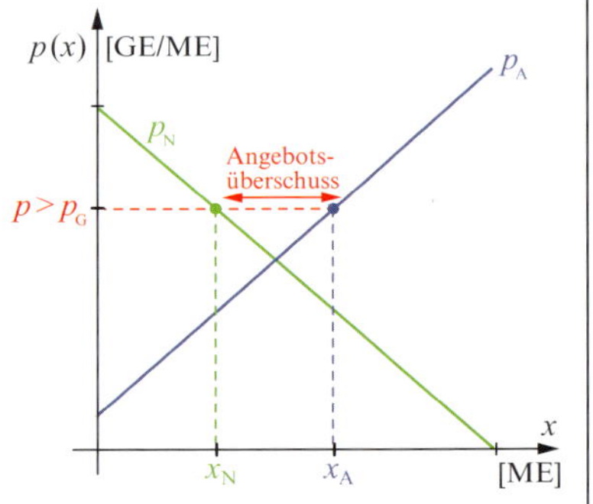
Produzentenrente	$\mathrm{PR} = \int_0^{x_{\mathrm{G}}} \left(p_{\mathrm{G}} - p_{\mathrm{A}}(x)\right) \mathrm{d}x$ oder $\mathrm{PR} = p_G \cdot x_G - \int_0^{x_{\mathrm{G}}} p_{\mathrm{A}}(x)\,\mathrm{d}x$	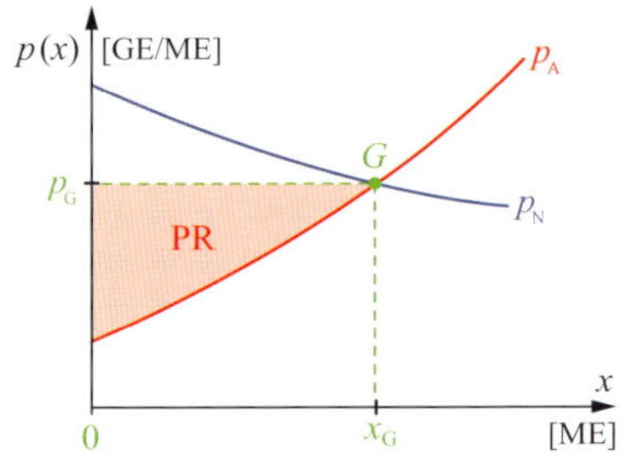
Konsumenten-rente	$\mathrm{KR} = \int_0^{x_{\mathrm{G}}} \left(p_{\mathrm{N}}(x) - p_G\right) \mathrm{d}x$ oder $\mathrm{KR} = \int_0^{x_{\mathrm{G}}} p_{\mathrm{N}}(x)\,\mathrm{d}x - p_G \cdot x_G$	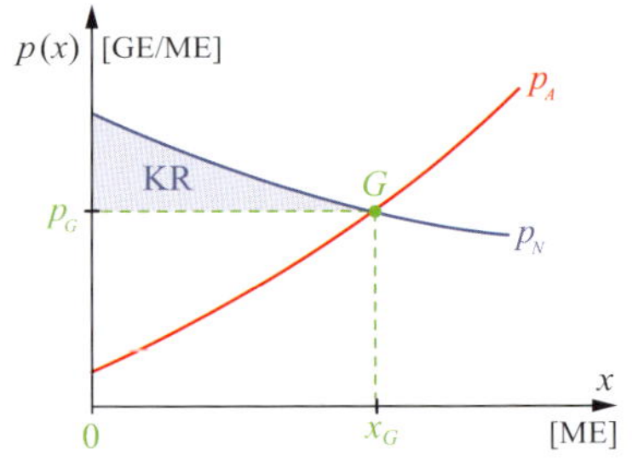

9.4 Elastizität

Begriff	Das Verhältnis der prozentualen Änderung der abhängigen Variablen (die Wirkung) zur prozentualen Änderung der unabhängigen Variablen (der Ursache) heißt **Elastizität** e. Die Elastizität e beschreibt die Heftigkeit der Wirkung auf eine Ursache. $\text{Elastizität} = \frac{\text{Wirkung in \%}}{\text{Ursache in \%}}$ $= \frac{\text{Prozentuale Veränderung der abhängigen Variablen}}{\text{Prozentuale Veränderung der unabhängigen Variablen}}$	
Elastizität eines Funktionswertes f bezüglich eines x-Wertes	$e_{f;x} = \frac{\frac{\Delta f}{f}}{\frac{\Delta x}{x}}$	für diskrete Veränderungen der Variablen
	$e_{f(x);x}(x) = \frac{f'(x) \cdot x}{f(x)}$	für beliebig kleine Veränderungen der Variablen
Preiselastizität der Nachfrage (Elastizität der Nachfrage x bezüglich des Preises p)	$e_{x;p} = \frac{\frac{\Delta x}{x}}{\frac{\Delta p}{p}}$	für diskrete Veränderungen der Variablen
	$e_{x;p}(x) = \frac{p(x)}{p'(x) \cdot x}$	für beliebig kleine Veränderungen der Variablen
Elastizitätsintervalle	• **fließende Reaktion** $\lvert e \rvert = 1$	Eine Änderung der unabhängigen Variablen um 1 % bewirkt eine 1 %ige Änderung der abhängigen Variablen.
	• **elastische Reaktion** $\lvert e \rvert > 1$	Eine Änderung der unabhängigen Variablen um 1 % bewirkt eine Änderung der abhängigen Variablen um mehr als 1 %.
	• **unelastische Reaktion** $\lvert e \rvert < 1$	Eine Änderung der unabhängigen Variablen um 1 % bewirkt eine Änderung der abhängigen Variablen um weniger als 1 %.
	• **vollkommen elastische Reaktion** $\lvert e \rvert \to \infty$	Die Änderung der abhängigen Variablen als Reaktion auf eine Änderung der unabhängigen Variablen ist unendlich groß.
	• **vollkommen unelastische Reaktion** $e = 0$	Eine Änderung der unabhängigen Variablen bewirkt keine Veränderung der abhängigen Variablen.

Kostenelastizität (Elastizität der Gesamtkosten K bezüglich der Produktionsmenge x)	$e_{K;x} = \frac{\frac{\Delta K}{K}}{\frac{\Delta x}{x}}$	für diskrete Veränderungen der Variablen
	$e_{K;x}(x) = \frac{K'(x) \cdot x}{K(x)}$	für beliebig kleine Veränderungen der Variablen

9.5 Produktlebenszyklus

Produktlebenszyklusfunktion – Absatzfunktion	Eine Produktlebenszyklusfunktion mit $a(t)$ gibt den Absatz a je Zeiteinheit (in ME/ZE) im Zeitablauf t an. Diese **Absatzgeschwindigkeit** gibt an, wie sich der Absatz zu einem beliebigen Zeitpunkt verändert (z. B. der jährliche Absatz, der Absatz je Jahr oder der Jahresabsatz). Für den ***kumulierten*** **Gesamtabsatz** A in einem Zeitraum $[t_1; t_2]$ gilt: $A_{[t_1;t_2]} = \int_{t_1}^{t_2} a(t)\,\mathrm{d}t$	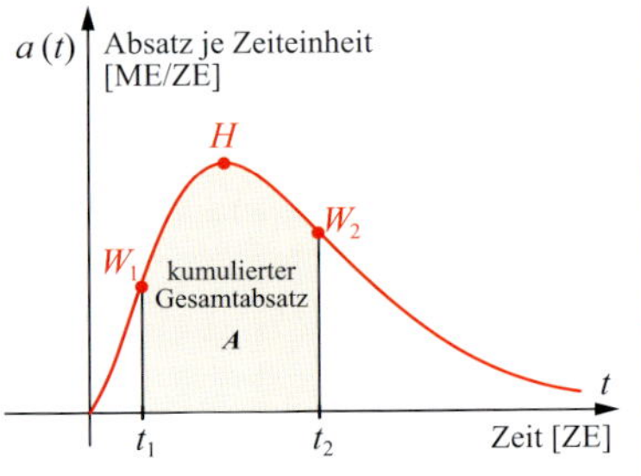
Produktlebenszyklusfunktion – Umsatzfunktion	Eine Produktlebenszyklusfunktion mit $u(t)$ gibt den Umsatz u je Zeiteinheit (in GE/ZE) im Zeitablauf t an. Diese **Umsatzgeschwindigkeit** gibt an, wie sich der Umsatz zu einem beliebigen Zeitpunkt verändert (z. B. der jährliche Umsatz, der Umsatz je Jahr oder der Jahresumsatz). Für den ***kumulierten*** **Gesamtumsatz** U in einem Zeitraum $[t_1; t_2]$ gilt: $U_{[t_1;t_2]} = \int_{t_1}^{t_2} u(t)\,\mathrm{d}t$	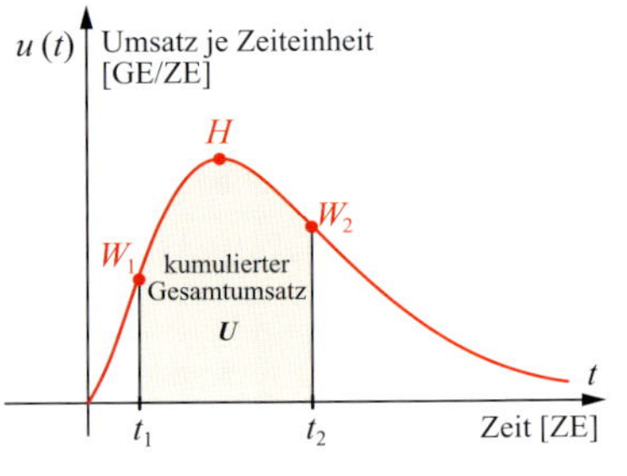

Zusammenhang zwischen Absatz je Zeiteinheit, Umsatz je Zeiteinheit und Preis je Mengeneinheit	$u(t) = a(t) \cdot p(t)$ $\Leftrightarrow a(t) = \dfrac{u(t)}{p(t)}$ $\Leftrightarrow p(t) = \dfrac{u(t)}{a(t)}$	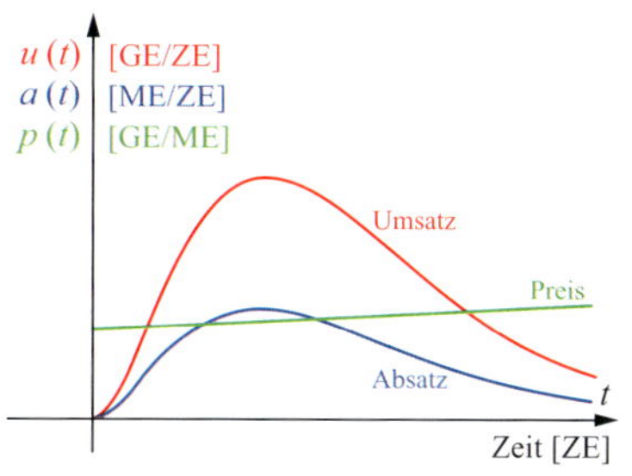

9.6 Zinsrechnung

Endkapital bei einfacher Zinsrechnung	$K(x) = K_0 \cdot (1 + px)$	$K(x)$: Endkapital nach x Jahren K_0: Anfangskapital p: (nomineller) Jahreszinssatz x: Verzinsungszeitraum in Jahren m: Zinsperioden/Jahr
Endkapital bei jährlicher Verzinsung (Zinseszins)	$K(x) = K_0 \cdot (1 + p)^x$	
Endkapital bei unterjährlicher Verzinsung (Zinseszins)	$K_m(x) = K_0 \cdot \left(1 + \dfrac{p}{m}\right)^{m \cdot x}$	
Endkapital bei stetiger Verzinsung (Zinseszins)	$K(x) = K_0 \cdot e^{px}$	

Lineare Algebra

1 Mathematische Zeichen und Symbole der Linearen Algebra

Zeichen, Symbol	Sprechweise und Bedeutung	Beispiel
$\boldsymbol{A} = \begin{pmatrix} a_{11} & a_{12} \\ a_{21} & a_{22} \end{pmatrix}$	Matrix $\boldsymbol{A}$ mit den Elementen $a_{11}, a_{12}, a_{21}, a_{22} \in \mathbb{R}$	$\boldsymbol{A} = \begin{pmatrix} 2 & -3 \\ \frac{1}{5} & 0{,}7 \end{pmatrix}$
$\boldsymbol{A}^{\mathrm{T}} = \begin{pmatrix} a_{11} & a_{21} \\ a_{12} & a_{22} \end{pmatrix}$	Transponierte Matrix $\boldsymbol{A}$ Zeilen und Spalten der Matrix werden vertauscht.	$\boldsymbol{A}^{\mathrm{T}} = \begin{pmatrix} 2 & \frac{1}{5} \\ -3 & 0{,}7 \end{pmatrix}$
$\boldsymbol{A} \mid \vec{b} = \left(\begin{array}{cc\|c} a_{11} & a_{12} & b_1 \\ a_{21} & a_{22} & b_2 \end{array}\right)$	Erweiterte Matrix Matrix $\boldsymbol{A}$ wurde um den Vektor $\vec{b}$ erweitert.	$\boldsymbol{A} \mid \vec{b} = \left(\begin{array}{cc\|c} 2 & -3 & 2 \\ \frac{1}{5} & 0{,}7 & 1 \end{array}\right)$
$\vec{p}$	Spaltenvektor	$\vec{p} = \begin{pmatrix} 2 \\ 4 \end{pmatrix}$
$\vec{p}^{\mathrm{T}}$	Zeilenvektor	$\vec{p}^{\mathrm{T}} = (2 \;\; 4)$
$\boldsymbol{E}$	Einheitsmatrix	$\boldsymbol{E} = \begin{pmatrix} 1 & 0 & 0 \\ 0 & 1 & 0 \\ 0 & 0 & 1 \end{pmatrix}$
$\boldsymbol{A}^{\;\;1}$	Inverse Matrix	
$(\boldsymbol{E} - \boldsymbol{A})^{-1}$	Leontief-Inverse	
$\vec{v}_0$	Vektor für die Ausgangssituation	
$\vec{v}_\infty$	Fixvektor	
$\boldsymbol{A}_\infty$	Grenzmatrix	

2 Matrizen

2.1 Definitionen

Matrizen	Eine Matrix ist ein rechteckiges, in runde Klammern gesetztes Zahlenschema, das aus m Zeilen und n Spalten besteht. Allgemeine Darstellung einer Matrix $\boldsymbol{A}_{(m\times n)} = \begin{pmatrix} a_{11} & a_{12} & \dots & a_{1n} \\ a_{21} & a_{22} & \dots & a_{2n} \\ \dots & \dots & \ddots & \dots \\ a_{m1} & a_{m2} & \dots & a_{mn} \end{pmatrix}$
Format (Dimension) einer Matrix	Eine $(m\times n)$-**Matrix** besteht aus $\boldsymbol{m}$ **Zeilen** und $\boldsymbol{n}$ **Spalten** und gibt das Format der Matrix an.
Elemente einer Matrix	Die einzelnen Werte einer Matrix heißen Elemente (**Komponenten**) der Matrix.

2.2 Arten von Matrizen

Quadratische Matrix	$\boldsymbol{A}_{(n\times n)} = \begin{pmatrix} a_{11} & a_{12} & \dots & a_{1n} \\ a_{21} & a_{22} & \dots & a_{2n} \\ \vdots & \vdots & \ddots & \vdots \\ a_{n1} & a_{n2} & \dots & a_{nn} \end{pmatrix}$	Eine Matrix $\boldsymbol{A}$ heißt quadratisch, wenn die Anzahl der Zeilen mit der Anzahl der Spalten übereinstimmt. $\boldsymbol{A}$ ist eine $(n\times n)$-Matrix
Nullmatrix	$\boldsymbol{O}_{(0\times n)} = \begin{pmatrix} 0 & 0 & \dots & 0 \\ 0 & 0 & \dots & 0 \\ \vdots & \vdots & \ddots & \vdots \\ 0 & 0 & \dots & 0 \end{pmatrix}$	Eine Matrix mit beliebigem Format, deren Elemente alle 0 sind, heißt **Nullmatrix** $\boldsymbol{O}$.
Einheitsmatrix $\boldsymbol{E}$	$\boldsymbol{E}_{(n\times n)} = \begin{pmatrix} 1 & 0 & \dots & 0 \\ 0 & 1 & \ddots & \vdots \\ \vdots & \ddots & \ddots & 0 \\ 0 & \dots & 0 & 1 \end{pmatrix}$ Es gilt: $\boldsymbol{E}\cdot\boldsymbol{A} = \boldsymbol{A}\cdot\boldsymbol{E} = \boldsymbol{A}$ $\boldsymbol{E}\cdot\boldsymbol{E} = \boldsymbol{E}$	Eine quadratische Matrix $\boldsymbol{E}$ heißt Einheitsmatrix, wenn alle Elemente der **Hauptdiagonalen 1** und alle anderen Elemente 0 sind. Die Einheitsmatrix ist das neutrale Element der Multiplikation zweier Matrizen.
Obere Dreiecksmatrix	$\boldsymbol{A}_{(n\times n)} = \begin{pmatrix} a_{11} & a_{12} & \dots & a_{1n} \\ 0 & a_{22} & \dots & a_{2n} \\ \vdots & \ddots & \ddots & \vdots \\ 0 & \dots & 0 & a_{nn} \end{pmatrix}$	Eine quadratische Matrix $\boldsymbol{A}$ heißt obere Dreiecksmatrix, wenn alle Elemente unterhalb der **Hauptdiagonalen** 0 sind.

Koeffizienten-matrix	Wenn ein lineares Gleichungssystem $\left\| \begin{array}{ccccccc} a_{11}\cdot x_1 & + & a_{12}\cdot x_2 & + \ldots + & a_{1n}\cdot x_n & = & b_1 \\ a_{21}\cdot x_1 & + & a_{22}\cdot x_2 & + \ldots + & a_{2n}\cdot x_n & = & b_2 \\ \vdots & & \vdots & \vdots & \vdots & & \vdots \\ a_{m1}\cdot x_1 & + & a_{m2}\cdot x_2 & + \ldots + & a_{mn}\cdot x_n & = & b_m \end{array} \right\|$ als Matrix · Spaltenvektor = Spaltenvektor geschrieben wird, dann entsteht folgende Gleichung $\boldsymbol{A}\cdot\vec{x} = \begin{pmatrix} a_{11} & a_{12} & \ldots & a_{1n} \\ a_{21} & a_{22} & \ldots & a_{2n} \\ \vdots & \vdots & \ddots & \vdots \\ a_{m1} & a_{m2} & \ldots & a_{mn} \end{pmatrix} \cdot \begin{pmatrix} x_1 \\ x_2 \\ \vdots \\ x_n \end{pmatrix} = \begin{pmatrix} b_1 \\ b_2 \\ \vdots \\ b_m \end{pmatrix}$ Die Matrix $\boldsymbol{A}$ heißt Koeffizientenmatrix.	
Erweiterte Koeffizienten-matrix	Die Matrix $\boldsymbol{A}\,\|\,\vec{b} = \left(\begin{array}{cccc\|c} a_{11} & a_{12} & \ldots & a_{1n} & b_1 \\ a_{21} & a_{22} & \ldots & a_{2n} & b_2 \\ \vdots & \vdots & \ddots & \vdots & \vdots \\ a_{m1} & a_{m2} & \ldots & a_{mn} & b_m \end{array}\right)$ heißt erweiterte Koeffizientenmatrix, weil die Koeffizientenmatrix $\boldsymbol{A}$ um den Ergebnisvektor $\vec{b}$ erweitert wurde.	
Inverse Matrix	Die Matrix $\boldsymbol{A}^{-1}$ ist die inverse Matrix zu der quadratischen Matrix $\boldsymbol{A}_{(n\times n)}$, wenn gilt: $\boldsymbol{A}\cdot\boldsymbol{A}^{-1} = \boldsymbol{A}^{-1}\cdot\boldsymbol{A} = \boldsymbol{E}$	Die inverse Matrix $\boldsymbol{A}^{-1}$ führt bei der Multiplikation mit $\boldsymbol{A}$ zur Einheitsmatrix $\boldsymbol{E}$. Eine quadratische Matrix heißt regulär, wenn sie eine Inverse besitzt; existiert keine Inverse, so heißt die quadratische Matrix singulär.
Transponierte Matrix	$\boldsymbol{A} = \begin{pmatrix} a_{11} & a_{12} & \ldots & a_{1n} \\ a_{21} & a_{22} & \ldots & a_{2n} \\ \vdots & \vdots & \ddots & \vdots \\ a_{m1} & a_{m2} & \ldots & a_{mn} \end{pmatrix}$ $\boldsymbol{A}^{\mathrm{T}} = \begin{pmatrix} a_{11} & a_{21} & \ldots & a_{m1} \\ a_{12} & a_{22} & \ldots & a_{m2} \\ \vdots & \vdots & \ddots & \vdots \\ a_{1n} & a_{2n} & \ldots & a_{mn} \end{pmatrix}$	Bei einer transponierten Matrix sind die Elemente der Zeilen in Spalten geschrieben worden, d. h. aus einer $(m\times n)$-Matrix $\boldsymbol{A}$ wird die $(n\times m)$-Matrix $\boldsymbol{A}^{\mathrm{T}}$

2.3 Vektoren

Vektor	Ein Vektor ist eine Matrix mit nur einer Spalte oder einer Zeile.	
Spaltenvektor	$\vec{b}_{(m \times 1)} = \begin{pmatrix} b_1 \\ b_2 \\ \vdots \\ b_m \end{pmatrix}$	Wenn man einen Spaltenvektor als Zeilenvektor schreibt, transponiert man den Vektor.
Zeilenvektor	$\vec{b}^{\mathrm{T}}{}_{(1 \times m)} = (b_1 \ b_2 \ \dots \ b_m)$	

2.4 Rechnen mit Matrizen

Gleichheit von Matrizen	$\boldsymbol{A}_{(m \times n)} = \boldsymbol{B}_{(m \times n)}$	Zwei Matrizen $\boldsymbol{A}$ und $\boldsymbol{B}$ sind gleich, wenn ihr **Format und alle Elemente übereinstimmen**.
Skalare Multiplikation	Ein Skalar ist eine reelle Zahl, mit der Matrizen multipliziert werden können. Das Format der Matrix bleibt bei der skalaren Multiplikation erhalten. Jedes Element der Matrix $\boldsymbol{A}$ wird mit dem Skalar multipliziert. $s \cdot \boldsymbol{A} = s \cdot \begin{pmatrix} a_{11} & a_{12} & \dots & a_{1n} \\ a_{21} & a_{22} & \dots & a_{2n} \\ \vdots & \vdots & \ddots & \vdots \\ a_{m1} & a_{m2} & \dots & a_{mn} \end{pmatrix} = \begin{pmatrix} s \cdot a_{11} & s \cdot a_{12} & \dots & s \cdot a_{1n} \\ s \cdot a_{21} & s \cdot a_{22} & \dots & s \cdot a_{2n} \\ \vdots & \vdots & \ddots & \vdots \\ s \cdot a_{m1} & s \cdot a_{m2} & \dots & s \cdot a_{mn} \end{pmatrix}$ mit $s \in \mathbb{R}$ **Rechengesetze:** • Kommutativgesetz $s \cdot \boldsymbol{A} = \boldsymbol{A} \cdot s$ mit $s \in \mathbb{R}$ • Distributivgesetze $(r + s) \cdot \boldsymbol{A} = r \cdot \boldsymbol{A} + s \cdot \boldsymbol{A}$ $(r \cdot s) \cdot \boldsymbol{A} = r \cdot (s \cdot \boldsymbol{A})$ $r \cdot (\boldsymbol{A} + \boldsymbol{B}) = r \cdot \boldsymbol{A} + r \cdot \boldsymbol{B}$ mit $r, s \in \mathbb{R}$ also gilt $1 \cdot \boldsymbol{A} = \boldsymbol{A}$ $0 \cdot \boldsymbol{A} = \boldsymbol{O}$ (Nullmatrix)	

<table>
<tr>
<td>Matrizenaddition, Matrizen-subtraktion</td>
<td>

Matrizen können nur dann addiert oder subtrahiert werden, wenn ihre Formate übereinstimmen. Das Format der Summen- oder Differenzmatrix $\boldsymbol{C}$ ist dann identisch mit dem Format der Matrizen $\boldsymbol{A}$ und $\boldsymbol{B}$. Die entsprechenden Elemente der Matrizen $\boldsymbol{A}$ und $\boldsymbol{B}$ werden addiert bzw. subtrahiert.

$\boldsymbol{A}_{(m \times n)} + \boldsymbol{B}_{(m \times n)} = \boldsymbol{C}_{(m \times n)}$

$$\boldsymbol{A}_{(m \times n)} + \boldsymbol{B}_{(m \times n)} = \begin{pmatrix} a_{11} & \dots & a_{1n} \\ \vdots & \ddots & \vdots \\ a_{m1} & \dots & a_{mn} \end{pmatrix} \pm \begin{pmatrix} b_{11} & \dots & b_{1n} \\ \vdots & \ddots & \vdots \\ b_{m1} & \dots & b_{mn} \end{pmatrix} = \begin{pmatrix} a_{11} \pm b_{11} & \dots & a_{1n} \pm b_{1n} \\ \vdots & \ddots & \vdots \\ a_{m1} \pm b_{m1} & \dots & a_{mn} \pm b_{mn} \end{pmatrix}$$

Rechengesetze:

- Kommutativgesetz
$\boldsymbol{A} + \boldsymbol{B} = \boldsymbol{B} + \boldsymbol{A}$
- Assoziativgesetz
$(\boldsymbol{A} + \boldsymbol{B}) + \boldsymbol{C} = \boldsymbol{A} + (\boldsymbol{B} + \boldsymbol{C})$
- Distributivgesetz
$r \cdot (\boldsymbol{A} + \boldsymbol{B}) = r \cdot \boldsymbol{A} + r \cdot \boldsymbol{B}$ mit $r \in \mathbb{R}$
also gilt
$\boldsymbol{A} \pm \boldsymbol{O} = \boldsymbol{A}$
$\boldsymbol{A} - \boldsymbol{A} = \boldsymbol{O}$

</td>
</tr>
<tr>
<td>Multiplikationen von Matrix und Vektor</td>
<td>

- Matrix multipliziert mit einem Spaltenvektor
$\boldsymbol{A}_{(m \times n)} \cdot \vec{b}_{(n \times 1)} = \vec{c}_{(m \times 1)}$
Das Ergebnis dieser Multiplikation ist immer ein Spaltenvektor.

$$\boldsymbol{A}_{(m \times n)} \cdot \vec{b}_{(n \times 1)} = \begin{pmatrix} a_{11} & \dots & a_{1n} \\ \vdots & \ddots & \vdots \\ a_{m1} & \dots & a_{mn} \end{pmatrix} \cdot \begin{pmatrix} b_1 \\ \vdots \\ b_n \end{pmatrix} = \begin{pmatrix} a_{11} \cdot b_1 + & \dots & + a_{1n} \cdot b_n \\ \vdots & \ddots & \vdots \\ a_{m1} \cdot b_1 + & \dots & + a_{mn} \cdot b_n \end{pmatrix} = \begin{pmatrix} c_1 \\ \vdots \\ c_m \end{pmatrix} = \vec{c}_{(m \times 1)}$$

Eine Matrix kann nur dann mit einem Spaltenvektor multipliziert werden, wenn die Anzahl der Spalten in der Matrix mit der Anzahl der Zeilen in dem Vektor übereinstimmt.

</td>
</tr>
</table>

	• **Zeilenvektor multipliziert mit einer Matrix** $\vec{b}^{\mathrm{T}}_{(1\times m)} \cdot \boldsymbol{A}_{(m\times n)} = \vec{c}^{\mathrm{T}}{}_{(1\times n)}$ Das Ergebnis dieser Multiplikation ist immer ein Zeilenvektor. $\vec{b}^{\mathrm{T}}_{(1\times m)} \cdot \boldsymbol{A}_{(m\times n)} = (b_1 \ \dots \ b_m) \cdot \begin{pmatrix} a_{11} & \dots & a_{1n} \\ \vdots & \ddots & \vdots \\ a_{m1} & \dots & a_{mn} \end{pmatrix}$ $= (b_1 \cdot a_{11} + \dots + b_m \cdot a_{m1} \ \dots \ b_1 \cdot a_{1n} + \dots + b_m \cdot a_{mn})$ $= (c_1 \ \dots \ c_n) = \vec{c}^{\mathrm{T}}{}_{(1\times n)}$ Ein Zeilenvektor kann nur mit einer Matrix multipliziert werden, wenn die Anzahl der Spalten in dem Vektor mit der Anzahl der Zeilen in der Matrix übereinstimmt.	
Multiplikation zweier Vektoren	• **Zeilenvektor multipliziert mit einem Spaltenvektor** $\vec{b}^{\mathrm{T}}_{(1\times m)} \cdot \vec{a}_{(m\times 1)} = \vec{c}_{(1\times 1)}$ Das Ergebnis der Multiplikation ist eine (1×1)-Matrix, die immer als eine reelle Zahl aufgefasst wird. $\vec{b}^{\mathrm{T}} \cdot \vec{a} = (b_1 \ \dots \ b_m) \cdot \begin{pmatrix} a_1 \\ \vdots \\ a_m \end{pmatrix}$ $= b_1 \cdot a_1 + b_2 \cdot a_2 + \dots + b_m \cdot a_m$	Zwei Vektoren können nur miteinander multipliziert werden, wenn die Anzahl ihrer Elemente identisch ist.
	• **Spaltenvektor multipliziert mit einem Spaltenvektor** $\vec{a}_{(m\times 1)} \cdot \vec{b}_{(n\times 1)} = \vec{c}_{(1\times 1)}$ Das Ergebnis der Multiplikation ist eine (1×1)-Matrix, die immer als eine reelle Zahl aufgefasst wird. $\vec{a} \cdot \vec{b} = \begin{pmatrix} a_1 \\ \vdots \\ a_m \end{pmatrix} \cdot \begin{pmatrix} b_1 \\ \vdots \\ b_m \end{pmatrix}$ $= a_1 b_1 + a_2 b_2 + \dots + a_m b_m$ **Rechengesetze:** • Kommutativgesetz $\vec{a} \cdot \vec{b} = \vec{b} \cdot \vec{a}$ • Distributivgesetz $\vec{a} \cdot (\vec{b} \pm \vec{c}) = \vec{a} \cdot \vec{b} \pm \vec{a} \cdot \vec{c}$	Die Multiplikation zweier Spaltenvektoren wird **Skalarprodukt** genannt. Zwei Vektoren können nur miteinander multipliziert werden, wenn die Anzahl ihrer Elemente identisch ist, d. h. das Skalarprodukt ist nur dann definiert, wenn die Formate der Vektoren identisch sind.

Matrizen-multiplikation	Die Matrizenmultiplikation lässt sich nur durchführen, wenn die Anzahl der Spalten der Matrix $\boldsymbol{A}$ mit der Anzahl der Zeilen der Matrix $\boldsymbol{B}$ übereinstimmt. $\boldsymbol{A}_{(m \times n)} \cdot \boldsymbol{B}_{(n \times u)} = \boldsymbol{C}_{(m \times u)}$ Beispiel $\boldsymbol{A}_{(2 \times 3)} \cdot \boldsymbol{B}_{(3 \times 2)} = \boldsymbol{C}_{(2 \times 2)}$ $= \begin{pmatrix} a_{11} & a_{12} & a_{13} \\ a_{21} & a_{22} & a_{32} \end{pmatrix} \cdot \begin{pmatrix} b_{11} & b_{12} \\ b_{21} & b_{22} \\ b_{31} & b_{32} \end{pmatrix}$ $= \begin{pmatrix} a_{11}b_{11} + a_{12}b_{21} + a_{13}b_{31} & a_{11}b_{12} + a_{12}b_{22} + a_{13}b_{32} \\ a_{21}b_{11} + a_{22}b_{21} + a_{32}b_{31} & a_{21}b_{12} + a_{22}b_{22} + a_{32}b_{32} \end{pmatrix}$ $= \begin{pmatrix} c_{11} & c_{12} \\ c_{21} & c_{22} \end{pmatrix}$ c_{11} entsteht aus der Multiplikation des ersten Zeilenvektors mit dem ersten Spaltenvektor. c_{12} entsteht aus der Multiplikation des ersten Zeilenvektors mit dem zweiten Spaltenvektor. c_{21} entsteht aus der Multiplikation des zweiten Zeilenvektors mit dem ersten Spaltenvektor. c_{22} entsteht aus der Multiplikation des zweiten Zeilenvektors mit dem zweiten Spaltenvektor. **Rechengesetze:** • *nicht* kommutativ $\boldsymbol{A} \cdot \boldsymbol{B} \neq \boldsymbol{B} \cdot \boldsymbol{A}$ • Assoziativgesetz $(\boldsymbol{A} \cdot \boldsymbol{B}) \cdot \boldsymbol{C} = \boldsymbol{A} \cdot (\boldsymbol{B} \cdot \boldsymbol{C}) = \boldsymbol{A} \cdot \boldsymbol{B} \cdot \boldsymbol{C}$ • Distributivgesetze $(\boldsymbol{A} + \boldsymbol{B}) \cdot \boldsymbol{C} = \boldsymbol{A} \cdot \boldsymbol{C} + \boldsymbol{B} \cdot \boldsymbol{C}$ $\boldsymbol{A} \cdot (\boldsymbol{B} + \boldsymbol{C}) = \boldsymbol{A} \cdot \boldsymbol{B} + \boldsymbol{A} \cdot \boldsymbol{C}$ $s \cdot (\boldsymbol{A} \cdot \boldsymbol{B}) = (s \cdot \boldsymbol{A}) \cdot \boldsymbol{B} = \boldsymbol{A} \cdot (s \cdot \boldsymbol{B})$ mit $s \in \mathbb{R}$ Matrizen können *nicht* dividiert werden!

Falk-Schema	Die Matrizenmultiplikation lässt sich mithilfe des Falk-Schemas durchführen. $A_{(2 \times 3)} \cdot B_{(3 \times 2)} = C_{(2 \times 2)}$ $\begin{array}{ccc\|cc} & & & b_{11} & b_{12} \\ & & & b_{21} & b_{22} \\ & & & b_{31} & b_{32} \\ \hline a_{11} & a_{12} & a_{13} & a_{11} \cdot b_{11} + a_{12} \cdot b_{21} + a_{13} \cdot b_{31} & a_{11} \cdot b_{12} + a_{12} \cdot b_{22} + a_{13} \cdot b_{32} \\ a_{21} & a_{22} & a_{33} & a_{23} \cdot b_{11} + a_{22} \cdot b_{21} + a_{23} \cdot b_{31} & a_{21} \cdot b_{12} + a_{23} \cdot b_{22} + a_{23} \cdot b_{32} \end{array}$	
Potenzieren von Matrizen	$\boldsymbol{A} \cdot \boldsymbol{A} \cdot \boldsymbol{A} \cdot \ldots \cdot \boldsymbol{A} = \boldsymbol{A}^n$ mit $n \in \mathbb{Z}$	Dabei muss $\boldsymbol{A}$ eine quadratische Matrix sein.
Transponieren von Matrizen	**Rechengesetze:** • $\left(\boldsymbol{A}^{\mathrm{T}}\right)^{\mathrm{T}} = \boldsymbol{A}$ • $(r \cdot \boldsymbol{A})^{\mathrm{T}} = r \cdot \boldsymbol{A}^{\mathrm{T}}$ • $(\boldsymbol{A} \pm \boldsymbol{B})^{\mathrm{T}} = \boldsymbol{A}^{\mathrm{T}} \pm \boldsymbol{B}^{\mathrm{T}}$	
Matrizen-gleichungen	Da die Multiplikation von Matrizen nicht kommutativ ist, muss man bei der Umformung von Matrizengleichungen unter Verwendung von inversen Matrizen auf die Reihenfolge der Multiplikation achten.	
	Berechnung von $\boldsymbol{B}$ $\boldsymbol{A} \cdot \boldsymbol{B} = \boldsymbol{C} \quad \| \cdot \boldsymbol{A}^{-1}$ von links $\boldsymbol{A}^{-1} \cdot \boldsymbol{A} \cdot \boldsymbol{B} = \boldsymbol{A}^{-1} \cdot \boldsymbol{C}$ $\boldsymbol{E} \cdot \boldsymbol{B} = \boldsymbol{A}^{-1} \cdot \boldsymbol{C}$ $\boldsymbol{B} = \boldsymbol{A}^{-1} \cdot \boldsymbol{C}$	In diesem Fall wird die **Inverse** von links multipliziert, weil die zu invertierende Matrix der linke Faktor der Multiplikation ist.
	Berechnung von $\boldsymbol{A}$ $\boldsymbol{A} \cdot \boldsymbol{B} = \boldsymbol{C} \quad \| \cdot \boldsymbol{B}^{-1}$ von rechts $\boldsymbol{A} \cdot \boldsymbol{B} \cdot \boldsymbol{B}^{-1} = \boldsymbol{C} \cdot \boldsymbol{B}^{-1}$ $\boldsymbol{A} \cdot \boldsymbol{E} = \boldsymbol{C} \cdot \boldsymbol{B}^{-1}$ $\boldsymbol{A} = \boldsymbol{C} \cdot \boldsymbol{B}^{-1}$	In diesem Fall wird die **Inverse** von rechts multipliziert, weil die zu invertierende Matrix der rechte Faktor der Multiplikation ist.

3 Mehrstufige Produktionsprozesse

3.1 Verflechtungsdiagramm (Gozintograph)

Beispiel

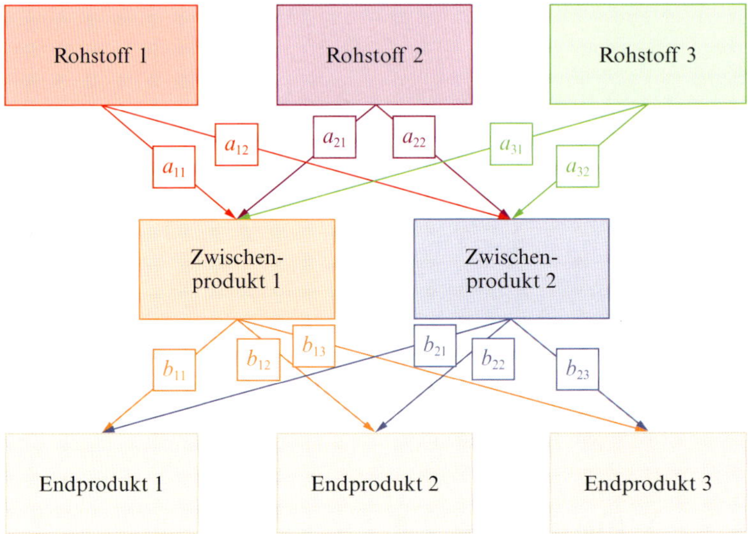

Die Pfeile werden mit den benötigten Mengeneinheiten beschriftet.

3.2 Produktionsmatrizen (Verflechtungsmatrizen)

Rohstoff-Zwischenprodukt-Matrix

von \ nach	Z_1	…	Z_n
R_1			
⋮			
R_m			

$$\Rightarrow \boldsymbol{A}_{RZ} = \begin{pmatrix} a_{11} & \dots & a_{1n} \\ \vdots & \ddots & \vdots \\ a_{m1} & \dots & a_{mn} \end{pmatrix}$$

Die **Matrix $\boldsymbol{A}_{RZ}$** gibt in jeder Zeile die Mengeneinheiten eines Rohstoffes an, die für die Produktion je einer Mengeneinheit des jeweiligen Zwischenproduktes benötigt werden. Alle Elemente der Matrix müssen größer oder gleich 0 sein.

<table>
<tr>
<td>Zwischenprodukt-Endprodukt-Matrix</td>
<td>von Z nach E
<table>
<tr><td>nach / von</td><td>E_1</td><td>…</td><td>E_n</td></tr>
<tr><td>Z_1</td><td></td><td></td><td></td></tr>
<tr><td>⋮</td><td></td><td></td><td></td></tr>
<tr><td>Z_m</td><td></td><td></td><td></td></tr>
</table>
$\Rightarrow \boldsymbol{B}_{ZE} = \begin{pmatrix} b_{11} & \dots & b_{1n} \\ \vdots & \ddots & \vdots \\ b_{m1} & \dots & b_{mn} \end{pmatrix}$</td>
<td>Die Matrix $\boldsymbol{B}_{ZE}$ gibt in jeder Zeile die Mengeneinheiten eines Zwischenproduktes an, die für die Produktion je einer Mengeneinheit des jeweiligen Endproduktes benötigt werden. Alle Elemente der Matrix müssen größer oder gleich 0 sein.</td>
</tr>
<tr>
<td>Rohstoff-Endprodukt-Matrix</td>
<td>von R nach E
<table>
<tr><td>nach / von</td><td>E_1</td><td>…</td><td>E_n</td></tr>
<tr><td>R_1</td><td></td><td></td><td></td></tr>
<tr><td>⋮</td><td></td><td></td><td></td></tr>
<tr><td>R_m</td><td></td><td></td><td></td></tr>
</table>
$\Rightarrow \boldsymbol{C}_{RE} = \begin{pmatrix} c_{11} & \dots & c_{1n} \\ \vdots & \ddots & \vdots \\ c_{m1} & \dots & c_{mn} \end{pmatrix}$
Es gilt $\boldsymbol{C}_{RE} = \boldsymbol{A}_{RZ} \cdot \boldsymbol{B}_{ZE}$</td>
<td>Die Matrix $\boldsymbol{C}_{RE}$ ist die Bedarfsmatrix und gibt zeilenweise den Rohstoffeinsatz für die Produktion einer Mengeneinheit des jeweiligen Endproduktes an. Alle Elemente der Matrix müssen größer oder gleich 0 sein.</td>
</tr>
</table>

3.3 Mengenvektoren

Rohstoffverbrauchsvektor (Vektor für den Rohstoffverbrauch)	$\vec{r} = \begin{pmatrix} r_1 \\ \vdots \\ r_n \end{pmatrix}$	Der **Vektor** $\vec{r}$ gibt den Rohstoffeinsatz für die gesamte Produktion der Endprodukte an.
Zwischenprodukt-Produktionsvektor (Vektor für die Zwischenproduktmengen)	$\vec{z} = \begin{pmatrix} z_1 \\ \vdots \\ z_n \end{pmatrix}$	Der **Vektor** $\vec{z}$ gibt die Mengen der Zwischenprodukte für die gesamte Produktion der Endprodukte an.

Endprodukt-Produktionsvektor (Vektor für die Endproduktmengen)	$\vec{m} = \begin{pmatrix} m_1 \\ \vdots \\ m_n \end{pmatrix}$	Der **Vektor** $\vec{m}$ gibt die Mengen der einzelnen Endprodukte an.
Zusammenhänge	$\boldsymbol{A}_{\text{RZ}} \cdot \vec{z} = \vec{r}$ $\boldsymbol{B}_{\text{ZE}} \cdot \vec{m} = \vec{z}$ $\boldsymbol{C}_{\text{RE}} \cdot \vec{m} = \vec{r}$	

3.4 Produktionskosten

Rohstoffkosten	$\vec{k}_{\text{R}}^{\text{T}} = (k_1 \; ... \; k_m)$	k_1: Preis je ME des Rohstoffes 1 k_m: Preis je ME des Rohstoffes m
Fertigungskosten für die Herstellung einer Mengeneinheit je Zwischenprodukt	$\vec{k}_{\text{Z}}^{\text{T}} = (k_1 \; ... \; k_m)$	k_1: Fertigungskosten für die Herstellung einer ME von Z_1 k_m: Fertigungskosten für die Herstellung einer ME von Z_m
Rohstoffkosten zur Produktion je einer Mengeneinheit der Endprodukte	$\vec{k}_{\text{R}}^{\text{T}} \cdot \boldsymbol{C}_{\text{RE}}$	Rohstoffkosten = Preise für die Rohstoffe · Bedarfsmatrix $\boldsymbol{C}_{\text{RE}}$
Fertigungskosten für die erste Produktionsstufe	$\vec{k}_{\text{Z}}^{\text{T}} \cdot \boldsymbol{B}_{\text{ZE}}$	Fertigungskosten für die erste Produktionsstufe, also für die Herstellung der Zwischenprodukte, die benötigt werden um je eine ME der Endprodukte herzustellen. = Kosten für die erste Produktionsstufe · Produktionsmatrix $\boldsymbol{B}_{\text{ZE}}$
Fertigungskosten für die zweite Produktionsstufe	$\vec{k}_{\text{E}}^{\text{T}} = (k_1 \; ... \; k_n)$	Fertigungskosten für die zweite Produktionsstufe, also für die Verarbeitung der Zwischenprodukte zu Endprodukten
Variable Stückkosten je Mengeneinheit der Endprodukte	$\vec{k}_{\text{v}}^{\text{T}} = \vec{k}_{\text{R}}^{\text{T}} \cdot \boldsymbol{C}_{\text{RE}} + \vec{k}_{\text{Z}}^{\text{T}} \cdot \boldsymbol{B}_{\text{ZE}} + \vec{k}_{\text{E}}^{\text{T}}$	variable Kosten für eine Mengeneinheit der Endprodukte = Rohstoffkosten + Fertigungskosten für die erste Produktionsstufe + Fertigungskosten für die zweite Produktionsstufe

Variable Stückkosten für die Produktionsmenge	$K_v = \vec{k}_v^T \cdot \vec{m}$	variable Kosten für die gesamte Produktionsmenge = Vektor der variablen Kosten · Endprodukt-Produktionsvektor
Gesamtkosten für die Produktion	$K = K_v + K_f$ oder $K = \vec{k}_v^T \cdot \vec{m} + K_f$	Gesamtkosten = variable Kosten + fixe Kosten

3.5 Erlös, Gewinn

Preisvektor	$\vec{p} = \begin{pmatrix} p_1 \\ \dots \\ p_n \end{pmatrix}$	Der Preisvektor $\vec{p}$ enthält die Verkaufpreise pro Mengeneinheit der Endprodukte.
Erlös	$E = \vec{m} \cdot \vec{p}$	Erlös = Menge · Preis
Gewinn	$G = E - K$	Gewinn = Erlös − Gesamtkosten
Deckungsbeitrag	$\vec{d} = \vec{p} - \vec{k}_v$ $D = \vec{d} \cdot \vec{m}$	**Vektor für den Deckungsbeitrag pro Stück** = Preisvektor − Vektor für die variablen Stückkosten **Deckungsbeitrag** = Deckungsbeitragsvektor · Endprodukt-Produktionsvektor

4 Lineare Gleichungssysteme in Matrizenform

4.1 Definitionen

Lineares Gleichungssystem	Ein **Lineares Gleichungssystem** (LGS) der Form $\left\| \begin{array}{ccccc} a_{11} \cdot x_1 + & a_{12} \cdot x_2 + & \dots + & a_{1n} \cdot x_n = & b_1 \\ a_{21} \cdot x_1 + & a_{22} \cdot x_2 + & \dots + & a_2 n \cdot x_n = & b_2 \\ \vdots & \vdots & \vdots & \vdots & \vdots \\ a_{m1} \cdot x_1 + & a_{m2} \cdot x_2 + & \dots + & a_{mn} \cdot x_n = & b_m \end{array} \right\|$ wird mithilfe der Matrizenschreibweise $\boldsymbol{A} \cdot \vec{x} = \vec{b}$ als **erweiterte Koeffizientenmatrix**[1] geschrieben: $\boldsymbol{A} \mid \vec{b} = \left(\begin{array}{cccc\|c} a_{11} & a_{12} & \dots & a_{1n} & b_1 \\ a_{21} & a_{22} & \dots & a_{2n} & b_2 \\ \vdots & \vdots & \ddots & \vdots & \vdots \\ a_{m1} & a_{m2} & \dots & a_{mn} & b_m \end{array} \right)$

[1] siehe S. 54

Lösungsweg	Die erweiterte Koeffizientenmatrix wird mithilfe des Gauß-Algorithmus (s. u.) zu einer **oberen Dreiecksmatrix**[1] umgeformt. Danach wird die letzte Zeile wieder als Gleichung formuliert, damit x_n ermittelt werden kann. Mithilfe der darüber liegenden Zeile und des Ergebnisses für x_n wird dann x_{n-1} bestimmt. Beide Ergebnisse werden dann in die darüber liegende Zeile eingesetzt und so x_{n-2} berechnet, usw.

4.2 Gauß-Algorithmus (Gauß'sches Eliminationsverfahren)

Äquivalenzumformungen für Lineare Gleichungssysteme	• Vertauschen zweier Matrixzeilen. • Multiplizieren einer Zeile mit einem Faktor r, mit $r \in \mathbb{R}^*$. • Addieren des Vielfachen einer Zeile zu einer anderen. • Ersetzen einer Matrixzeile durch die Summe von ihr und einer anderen Zeile.	
Lösungsmengen	• **eindeutig lösbar** $\vec{x} = \begin{pmatrix} x_1 \\ \vdots \\ x_n \end{pmatrix}$	Es gibt genau eine Lösung für alle Variablen. Nur für diese Werte ist das gesamte LGS erfüllt.
	• **mehrdeutig lösbar** Beispiel für eine **Nullzeile** $\left(\begin{array}{ccc\|c} a_{11} & a_{12} & a_{13} & b_1 \\ 0 & a_{22} & a_{23} & b_2 \\ 0 & 0 & 0 & 0 \end{array}\right)$ $\vec{x} = \begin{pmatrix} a \cdot t - c \\ b \cdot t - d \\ t \end{pmatrix}$; $t, a, b, c, d \in \mathbb{R}$	Beim Umformen zur oberen Dreiecksmatrix entstehen eine oder mehrere Nullzeilen. Zur Ermittlung der Lösungsmenge werden Parameter für die Variablen der Nullzeilen eingesetzt und dann die fehlenden Variablen in Abhängigkeit von den Parametern bestimmt.
	• **nicht lösbar** Beispiel für eine Widerspruchszeile $\left(\begin{array}{ccc\|c} a_{11} & a_{12} & a_{13} & b_1 \\ 0 & a_{22} & a_{23} & b_2 \\ 0 & 0 & 0 & b_3 \end{array}\right)$ mit $0 \neq b_3$	Beim Umformen zur oberen Dreiecksmatrix entsteht in der Koeffizientenmatrix eine Nullzeile, aber *nicht* in der erweiterten Koeffizientenmatrix. Damit entsteht eine Widerspruchszeile und das LGS ist nicht lösbar.

[1] siehe S. 53

5 Leontief-Modell

Begriff	In der Volkswirtschaftslehre zeigt das Leontief-Modell die Verflechtungen verschiedener Sektoren (z. B. Landwirtschaft, Industrie, Dienstleistungsbereich), die Abgaben an die Konsumenten und die Gesamtproduktion auf. In der Betriebswirtschaftslehre wird das Leontief-Modell auch für die Verflechtungen innerhalb eines Unternehmens verwendet, z. B. Abteilungen oder Tochtergesellschaften.
Modellannahmen	• Die technologischen Bedingungen bleiben im Betrachtungszeitraum konstant. • Die produzierten Mengeneinheiten können nicht mit verschiedenen Faktorkombinationen erzielt werden, d. h. es gibt nur *eine* Kombination der Produktionsfaktoren, um die Produkte herzustellen. • Die Faktorpreise und der Produktionsfaktor Arbeit bleiben unberücksichtigt. • Wenn eine Produktion mit einem bestimmten Einsatz der Produktionsfaktoren erzielt werden kann, dann bringt der k-fache Einsatz auch die k-fache Produktionsmenge.
Verflechtungsdiagramm	**Beispiel (auch im Folgenden) für 3 Sektoren in einer Volkswirtschaft:** 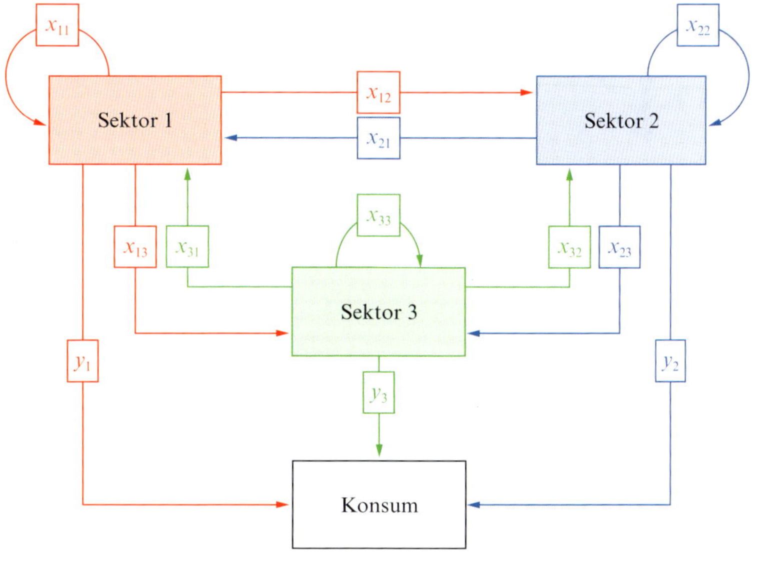 Das Verflechtungsdiagramm gibt die Ströme der Güter und Dienstleistungen der Sektoren untereinander und die Abgaben der Sektoren für den Konsum in Geldeinheiten (GE) an.

Input-Output-Tabelle

nach j / von i		Verbraucher				
		Sektor 1	Sektor 2	Sektor 3	Konsum y	Gesamtproduktion x
Produzenten	Sektor 1	x_{11}	x_{12}	x_{13}	y_1	x_1
	Sektor 2	x_{21}	x_{22}	x_{23}	y_2	x_2
	Sektor 3	x_{31}	x_{32}	x_{33}	y_3	x_3

Sektorenmatrix

$$X = \begin{pmatrix} x_{11} & x_{12} & x_{13} \\ x_{21} & x_{22} & x_{23} \\ x_{31} & x_{32} & x_{33} \end{pmatrix}$$

Die Elemente $\boldsymbol{x_{ij}}$ der Sektorenmatrix X zeigen die Lieferungen des Sektors $\boldsymbol{i}$ an den Sektor $\boldsymbol{j}$. Die Sektorenmatrix ist immer eine quadratische Matrix.
Die Elemente der Hauptdiagonalen geben den Eigenverbrauch der Sektoren an.
In den Spalten steht der Input (in GE), den die einzelnen Sektoren für ihre Gesamtproduktion benötigen.

Produktionsvektor

$$\vec{x} = \begin{pmatrix} x_{11} + x_{12} + x_{13} + y_1 \\ x_{21} + x_{22} + x_{23} + y_2 \\ x_{31} + x_{32} + x_{33} + y_2 \end{pmatrix} = \begin{pmatrix} x_1 \\ x_2 \\ x_3 \end{pmatrix}$$

mit $x_i \geq 0$

Die Elemente des Produktionsvektors geben die Summe der produzierten Güter und Dienstleistungen eines Sektors in Geldeinheiten an.

Konsumvektor

$$\vec{y} = \begin{pmatrix} y_1 \\ y_2 \\ y_3 \end{pmatrix} \text{ mit } y_i \geq 0$$

Der Konsumvektor gibt die Abgaben der einzelnen Sektoren an den Markt an, er spiegelt also die externe Nachfrage in Geldeinheiten wider.

Technologie-Matrix

$$\boldsymbol{A} = \begin{pmatrix} \frac{x_{11}}{x_1} & \frac{x_{12}}{x_2} & \frac{x_{13}}{x_3} \\ \frac{x_{21}}{x_1} & \frac{x_{22}}{x_2} & \frac{x_{23}}{x_3} \\ \frac{x_{31}}{x_1} & \frac{x_{32}}{x_2} & \frac{x_{33}}{x_3} \end{pmatrix}$$

Für die Produktion von Gütern und Dienstleistungen im Wert einer GE im Sektor 1 beträgt

- der prozentuale Input des Sektors 1 $\frac{x_{11}}{x_1}$ vom Output des Sektors 1 (Eigenverbrauch)
- der prozentuale Input des Sektors 2 $\frac{x_{21}}{x_1}$ vom Output des Sektors 1 und
- der prozentuale Input des Sektors 3 $\frac{x_{31}}{x_1}$ vom Output des Sektors 1.

		In den Spalten steht der prozentuale Input, den die einzelnen Sektoren für eine Einheit ihrer Produktion benötigen. Dies sind die technologischen Bedingungen der Produktion.
Leontief-Inverse	$(\boldsymbol{E} - \boldsymbol{A})^{-1}$	Eine Volkswirtschaft kann genau dann jede externe Nachfrage befriedigen, also die Konsumentenwünsche erfüllen, wenn die Leontief-Inverse existiert *und* diese keine negativen Elemente beinhaltet.
Zusammenhänge	$\boldsymbol{A} \cdot \vec{x} + \vec{y} = \vec{x}$ Konsum: $\vec{y} = (\boldsymbol{E} - \boldsymbol{A}) \cdot \vec{x}$ Produktion: $\vec{x} = (\boldsymbol{E} - \boldsymbol{A})^{-1} \cdot \vec{y}$	

6 Markow-Ketten

Begriff	Mithilfe von Markow-Ketten können langfristige Entwicklungs- und Veränderungsprozesse ermittelt werden. Unter der Voraussetzung, dass es sich um einen stochastischen Prozess handelt, hängt die langfristige Entwicklung dieser Prozesse nur von der Gegenwart und nicht von der Vergangenheit ab. Auf diese Weise können beispielsweise Prognosen für zukünftige Marktanteile (Käuferverhalten) oder Stimmanteile (Wählerverhalten) erstellt werden.	
Voraussetzungen	• **Reguläre Matrix**	Die Matrix ist quadratisch und invertierbar[1].
	• **Stochastische Matrix** $\begin{pmatrix} a_{11} & \dots & a_{1m} \\ \vdots & \ddots & \vdots \\ a_{m1} & \dots & a_{mm} \end{pmatrix}$ mit $a_{11} + a_{12} + \dots + a_{1m} = 1$ und … und $a_{m1} + a_{m2} + \dots + a_{mm} = 1$	Eine Matrix ist stochastisch, wenn die Elemente der Matrix alle positiv sind und die Zeilensummen jeweils 1 ergeben. Die Elemente der Matrix sind Prozentsätze.

[1] siehe S. 54: Inverse Matrix

Änderungsverhalten, Übergangsverhalten

nach / von	a_1	…	a_m
a_1	a_{11}	…	a_{1m}
⋮	⋮	⋱	⋮
a_m	a_{m1}	…	a_{mm}

Interpretationsbeispiele:

a_{mm}: „Wechsel" von a_m zu a_m
z. B. Stammkunden oder Stammwähler

a_{1m}: Wechsel von a_1 zu a_m
Kunden wechseln das Produkt oder den Hersteller oder sie wählen eine andere Partei

Ausgangsvektor

$\vec{v}_0^{\mathrm{T}} = (v_1 \ldots v_m)$

Er beschreibt den Anfangszustand, z. B. wie groß der Anteil der Kunden zu Beginn der Untersuchung ist, die ein bestimmtes Produkt kaufen.

Übergangsmatrix

$$\boldsymbol{A} = \begin{pmatrix} a_{11} & \ldots & a_{1m} \\ \vdots & \ddots & \vdots \\ a_{m1} & \ldots & a_{mm} \end{pmatrix}$$

mit $a_{11} + a_{12} + \ldots + a_{1m} = 1$
und …
und $a_{m1} + a_{m2} + \ldots + a_{mm} = 1$

Die Elemente der Matrix entsprechen den Übergangswahrscheinlichkeiten, die in der Tabelle und im Verflechtungsdiagramm aufgeführt wurden.

Darstellungsformen

Beispiel für Übergangsdiagramm, Übergangstabelle und Übergangsmatrix

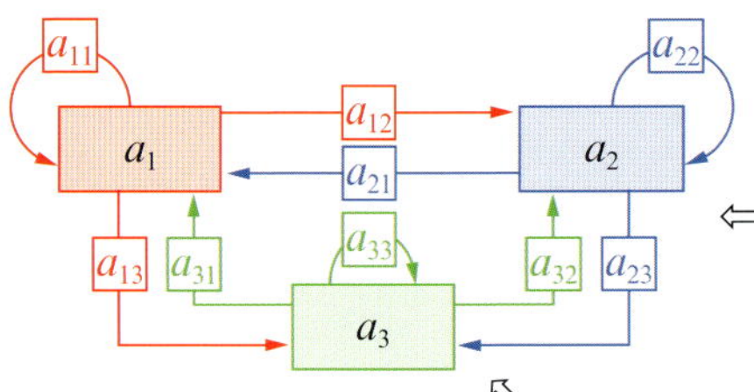

nach / von	a_1	a_2	a_3
a_1	a_{11}	a_{12}	a_{13}
a_2	a_{21}	a_{22}	a_{23}
a_3	a_{31}	a_{32}	a_{33}

$$\boldsymbol{A} = \begin{pmatrix} a_{11} & a_{12} & a_{13} \\ a_{21} & a_{22} & a_{23} \\ a_{31} & a_{32} & a_{33} \end{pmatrix}$$

Situation nach *n* Jahren	$\vec{v}_n^{\,\mathrm{T}} = \vec{v}_0^{\,\mathrm{T}} \cdot \boldsymbol{A}^n$	Die Elemente des Vektors $\vec{v}_n^{\,\mathrm{T}}$ geben die prozentuale Häufigkeit für z. B. ein Produkt, einen Hersteller oder eine Partei nach n Jahren an. Die Summe seiner Elemente ist 1.
Situation vor einem Jahr	$\vec{v}_{-1}^{\,\mathrm{T}} = \vec{v}_0^{\,\mathrm{T}} \cdot \boldsymbol{A}^{-1}$	Die Elemente des Vektors $\vec{v}_{-1}^{\,\mathrm{T}}$ geben die prozentuale Häufigkeit für z. B. ein Produkt, einen Hersteller oder eine Partei für das Jahr vor der Untersuchung an. Die Summe seiner Elemente ist 1.
Fixvektor	Wenn eine stabile Entwicklung mithilfe $\vec{v}_\infty^{\,\mathrm{T}} \cdot \boldsymbol{A} = \vec{v}_\infty^{\,\mathrm{T}}$ errechenbar ist, dann wird der so ermittelte Vektor $\vec{v}_\infty^{\,\mathrm{T}}$ **Fixvektor** genannt.	Die Elemente des Fixvektors sind alle positiv und die Summe der Elemente ist eins. Der Fixvektor spiegelt dann die zukünftige **stationäre Verteilung** eines Entwicklungs- oder Veränderungsprozesses wider.
Grenzmatrix	$\lim\limits_{n \to \infty} \boldsymbol{A}^n = \boldsymbol{A}_\infty = \begin{pmatrix} v_1 & v_2 & \dots & v_n \\ \vdots & \vdots & \vdots & \vdots \\ v_1 & v_2 & \dots & v_n \end{pmatrix}$	Man nennt $\boldsymbol{A}_\infty$ die **Grenzmatrix**. Die Grenzmatrix besteht aus n identischen Zeilen. Jede dieser Zeilen verkörpert den Fixvektor.

7 Zyklische Prozesse – Populationsentwicklung

Formen	Populationsentwicklung über mehrere Stadien oder Stufen: • zyklisch stabile Population • zyklisch schwankende Population – abnehmende Population, Population stirbt aus – unbegrenzt wachsende Population
Entwicklungsdiagramm	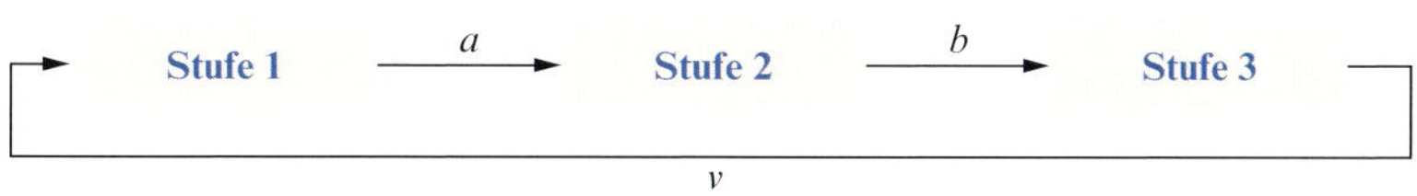

<table>
<tr>
<td>Übergangstabelle</td>
<td colspan="2">
<table>
<tr><th>von \ nach</th><th>Stufe 1</th><th>Stufe 2</th><th>Stufe 3</th></tr>
<tr><td>Stufe 1</td><td>0</td><td>a</td><td>0</td></tr>
<tr><td>Stufe 2</td><td>0</td><td>0</td><td>b</td></tr>
<tr><td>Stufe 3</td><td>v</td><td>0</td><td>0</td></tr>
</table>
$0 < a, b \leq 1$: Überlebensrate als prozentuale Häufigkeit
$v > 0$: Vermehrungswert
</td>
</tr>
<tr>
<td>Übergangsmatrix</td>
<td>$\boldsymbol{A} = \begin{pmatrix} 0 & a & 0 \\ 0 & 0 & b \\ v & 0 & 0 \end{pmatrix}$</td>
<td>$0 < a, b \leq 1$: Überlebensrate als prozentuale Häufigkeit
$v > 0$: Vermehrungswert</td>
</tr>
<tr>
<td>Startpopulation</td>
<td>$\vec{p}_0^{\mathrm{T}} = (p_1 \ p_2 \ p_3)$</td>
<td>Die Elemente sind absolute Häufigkeiten.</td>
</tr>
<tr>
<td>Populationsentwicklung</td>
<td>$\vec{p}_1^{\mathrm{T}} = \vec{p}_0^{\mathrm{T}} \cdot \boldsymbol{A}$
$\vec{p}_2^{\mathrm{T}} = \vec{p}_0^{\mathrm{T}} \cdot \boldsymbol{A}^2$
$\vec{p}_n^{\mathrm{T}} - \vec{p}_0^{\mathrm{T}} \cdot \boldsymbol{A}^n$</td>
<td>Population nach einer Zeiteinheit
Population nach zwei Zeiteinheiten
Population nach n Zeiteinheiten</td>
</tr>
<tr>
<td>Länge des Entwicklungsprozesses</td>
<td>$\boldsymbol{A}^n = \boldsymbol{E}$</td>
<td>stabiler zyklischer Prozess der Länge n</td>
</tr>
<tr>
<td>Auswertung</td>
<td>Beispiel für (3 × 3)-Matrizen
$\boldsymbol{A}^3 = \begin{pmatrix} abv & 0 & 0 \\ 0 & abv & 0 \\ 0 & 0 & abv \end{pmatrix}$</td>
<td>$abv < 1$: Population stirbt aus, zyklisch abnehmende Population
$abv = 1$: Population entwickelt sich zyklisch stabil
$abv > 1$: Population nimmt zyklisch unbegrenzt zu
$abv = 2 > 1$: Vermehrung um 100 %</td>
</tr>
<tr>
<td>Reproduktion</td>
<td>$\vec{p}_0^{\mathrm{T}} \cdot \boldsymbol{A} = \vec{p}_0^{\mathrm{T}}$</td>
<td>Reproduktion der Population nach einer Zeiteinheit</td>
</tr>
</table>

8 Lineare Optimierung

<table>
<tr><td>Variablen</td><td>x und y</td><td>Gesucht ist die optimale Kombination von x und y: zweier Produktionsfaktoren, Mengen, Anbauflächen etc.</td></tr>
<tr><td>Restriktionen, Einschränkungen</td><td colspan="2">Einschränkungen werden in Form von Ungleichungen aufgestellt und bilden die Randgeraden des Planungsvielecks.</td></tr>
<tr><td>Zielfunktion</td><td>$Z = a \cdot x + b \cdot y$</td><td>Die Zielfunktion Z beschreibt den Zusammenhang der Variablen, um das Ziel, z. B. maximalen Gewinn oder minimale Kosten zu ermitteln.</td></tr>
<tr><td>Nichtnegativitätsbedingung</td><td colspan="2">$x \geq 0$ und $y \geq 0$</td></tr>
<tr><td>Planungsvieleck</td><td colspan="2">Das Planungsvieleck ergibt sich aus der Überlappung der Flächen, die zu den einzelnen Ungleichungen (Restriktionen) gehören. Nur in dem Bereich, in dem sich alle Flächen überlappen, kann die Lösung des Optimierungsproblems liegen.</td></tr>
<tr><td>Grafisches Lösungsverfahren</td><td colspan="2">1. Variablen x und y definieren.
2. Gleichung der Zielfunktion erstellen.
3. Nichtnegativitätsbedinungen und Restriktionen aufstellen.
4. System von Ungleichungen nach y umstellen.
5. Graphen der Randfunktionen und Lösungsflächen in ein geeignetes Koordinatensystem zeichnen.
6. Planungsvieleck kennzeichnen.
7. Gleichung der Zielfunktion nach y umstellen und als Ursprungsgerade in das Koordinatensystem einzeichnen.
8. Ursprungsgerade mittels Parallelverschiebung so weit verschieben, dass sie das Planungsvieleck gerade erreicht (Minimum) oder gerade noch erreicht (Maximum).
9. Lösung (Maximum oder Minimum) bestimmen, indem die Koordinaten des Schnittpunktes/Berührpunktes abgelesen bzw. ermittelt werden.
10. Ergebnis interpretieren und Lösung formulieren.</td></tr>
</table>

<table>
<tr><td>Eckpunktmethode</td><td>1. Variablen x und y definieren.
2. Gleichung der Zielfunktion erstellen.
3. Nichtnegativitätsbedinungen und Restriktionen aufstellen.
4. System von Ungleichungen nach y umstellen.
5. Graphen der Randfunktionen und Lösungsflächen in ein geeignetes Koordinatensystem zeichnen.
6. Planungsvieleck kennzeichnen.
7. Die Koordinaten aller Eckpunkte rechnerisch ermitteln.
8. Die ermittelten Werte in die Gleichung der Zielfunktion einsetzen. Lösung (Maximum oder Minimum) bestimmen, indem die Ergebnisse der Zielfunktion verglichen werden.
9. Ergebnis interpretieren und Lösung formulieren.</td></tr>
<tr><td>Grafische Darstellung</td><td>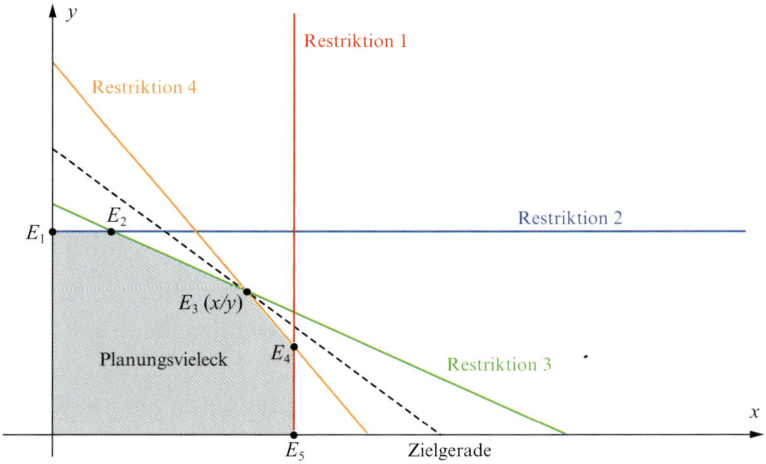

Die Lösung (hier Maximum) liegt im Punkt E_3.</td></tr>
</table>

Stochastik

1 Mathematische Zeichen und Symbole der Stochastik

Zeichen, Symbol	Sprechweise und Bedeutung	Beispiel
n	Stichprobenumfang	
p	Trefferwahrscheinlichkeit	
q	Gegenwahrscheinlichkeit	
x_i	Merkmal x_i	
x_i^*	Merkmalsausprägung der Klassenmitte	
$\overline{x}$	arithmetisches Mittel, Mittelwert, Durchschnittswert einer Zahlenreihe	
Q_1	1. Quartil	
$\tilde{x}$	Median, Zentralwert einer Zahlenreihe	
Q_3	3. Quartil	
R	Spannweite	
μ	mü, Erwartungswert	
d	mittlere lineare Abweichung	
σ^2	sigma Quadrat, Varianz	
σ	sigma, Standardabweichung	
$\sum$	Summe	
$\sum\limits_{i=1}^{n} x_i$	Summe aller x_i von $i = 1$ bis $i = n$	$\sum\limits_{i=1}^{n} x_i = 1 + 2 + 3 = 6$
$\cup$	vereinigt mit; Zusammenfügen von Mengen	$\{1; 2\} \cup \{2; 3; 4\} = \{1; 2; 3; 4\}$
$\cap$	geschnitten mit; Gemeinsamkeiten von Mengen	$\{1; 2\} \cap \{2; 3; 4\} = \{2\}$
$\subseteq$	ist Teilmenge von	$\{1; 2; 3\} \subseteq \{1; 2; 3\}$

Zeichen, Symbol	**Sprechweise und Bedeutung**	**Beispiel**
$\subset$	ist *echte* Teilmenge von	$\{1; 2\} \subset \{1; 2; 3; 4\}$; $\mathbb{N} \subset \mathbb{Z}$
e	Ergebnis	
S	Ergebnismenge	$S = \{e_1; e_2; e_3; \ldots e_n\}$
$\lvert S \rvert$	Anzahl aller möglichen Ergebnisse	$S = \{a; b; c; d; e\} \Rightarrow \lvert S \rvert = 5$
E	Ereignis	
$\overline{\mathrm{E}}$	nicht E, Gegenereignis	
$\lvert E \rvert$	Anzahl aller günstigen Ergebnisse	
$P(E)$	Wahrscheinlichkeit des Ereignisses E	
$P_B(A)$	Wahrscheinlichkeit für das Ereignis A unter der Bedingung, dass B bereits eingetreten ist	
!	Fakultät	$3! = 3 \cdot 2 \cdot 1 = 6$
$\binom{n}{k}$	n über k, Binomialkoeffizient	$\binom{n}{k} = \frac{n!}{k! \cdot (n-k)!}$
$\mapsto$	wird zugeordnet	$x_i \mapsto P(X = x_i)$
$\varphi(x)$	phi von x, Dichtefunktion der Normalverteilung	$\varphi(x) = \frac{1}{\sigma \cdot \sqrt{2\pi}} \cdot \mathrm{e}^{-\frac{1}{2}\left(\frac{x-\mu}{\sigma}\right)^2}$
$\Phi(x)$	Phi von x, Verteilungsfunktion der Normalverteilung	$\Phi(x) = \int\limits_{-\infty}^{x} \frac{1}{\sigma \cdot \sqrt{2\pi}} \cdot \mathrm{e}^{-\frac{1}{2}\left(\frac{x-\mu}{\sigma}\right)^2} \mathrm{d}x$
$\int\limits_a^b f(x)\,\mathrm{d}x$	Integral f von x dx von a bis b	$\int\limits_a^b f(x)\,\mathrm{d}x = \left[F(x)\right]_a^b = F(b) - F(a)$

2 Beschreibende Statistik

2.1 Häufigkeiten

Absolute Häufigkeit	n_i	$n \in \mathbb{N}$
Relative Häufigkeit	$h(x_i) = \frac{n_i}{n}$	$0 \leq h(x_i) \leq 1$; $n \in \mathbb{N}^*$

2.2 Lagemaße

Arithmetisches Mittel	• **ungruppierte Daten** $\bar{x} = \frac{x_1 + x_2 + x_3 + \ldots + x_n}{n}$ oder: $\bar{x} = \frac{1}{n} \sum_{i=1}^{n} x_i$	
	• **gruppierte Daten (gewichtetes arithmetisches Mittel)** Absolute Häufigkeiten sind gegeben $\bar{x} = \frac{1}{n} \sum_{i=1}^{k} x_i \cdot n_i$ Relative Häufigkeiten sind gegeben: $\bar{x} = \sum_{i=1}^{k} x_i \cdot h(x_i)$	$k < n$ k gibt die Anzahl der unterschiedlichen Merkmalsausprägungen an.
	• **klassierte Daten** Absolute Häufigkeiten sind gegeben: $\bar{x} = \frac{1}{n} \sum_{i=1}^{k} x_i^* \cdot n_i$ Relative Häufigkeiten sind gegeben: $\bar{x} = \sum_{i=1}^{k} x_i^* \cdot h(x_i^*)$	x_i^*: Klassenmitte mit $x_i^* = \frac{x_i^u + x_i^o}{2}$ x_i^u: kleinster Klassenwert x_i^o: größter Klassenwert

1. Quartil	• **für 0,25 · *n* ganzzahlig** $Q_1 = \frac{1}{2}(x_{0{,}25 \cdot n} + x_{0{,}25n+1})$ • **für 0,25 · *n* nicht ganzzahlig** $Q_1 = x_{\lceil 0{,}25n \rceil}$	Alle, auch wiederholt auftretenden Merkmalsausprägungen müssen vor der Berechnung aufsteigend der Größe nach sortiert werden.
Median	• **gerader Stichprobenumfang** $\tilde{x} = \frac{1}{2}(x_{0{,}5n} + x_{0{,}5n+1})$ • **ungerader Stichprobenumfang** $\tilde{x} = x_{0{,}5(n+1)}$	
3. Quartil	• **für 0,75 · *n* ganzzahlig** $Q_3 = \frac{1}{2}(x_{0{,}75 \cdot n} + x_{0{,}75n+1})$ • **für 0,75 · *n* nicht ganzzahlig** $Q_3 = x_{\lceil 0{,}75n \rceil}$	
Interquartilsabstand	**IQA = $Q_3 - Q_1$**	
Boxplot	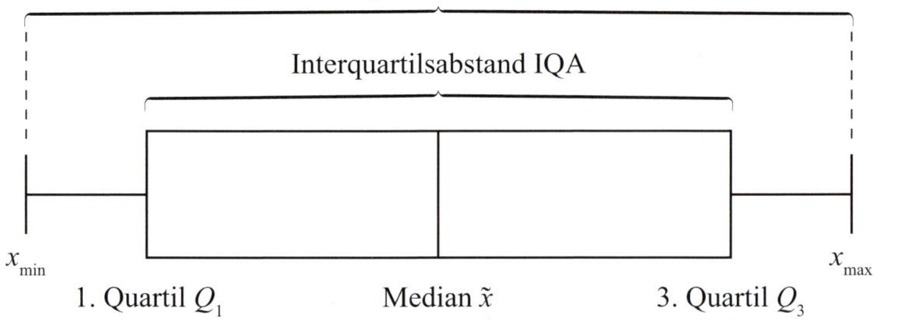	

2.3 Streuungsmaße

Spannweite	$R = x_{max} - x_{min}$	x_{max} größte Merkmalsausprägung x_{min} kleinste Merkmalsausprägung
Mittlere lineare Abweichung	• **ungruppierte Daten** $d = \frac{\lvert x_1 - \overline{x} \rvert + \lvert x_2 - \overline{x} \rvert + \lvert x_3 - \overline{x} \rvert + \ldots + \lvert x_n - \overline{x} \rvert}{n}$ oder $d = \frac{1}{n} \sum_{i=1}^{n} \lvert x_i - \overline{x} \rvert$	

	• **gruppierte Daten** Absolute Häufigkeiten sind gegeben: $d = \frac{1}{n} \sum_{i=1}^{k} \lvert x_i - \overline{x} \rvert \cdot n_i$ Relative Häufigkeiten sind gegeben: $d = \sum_{i=1}^{k} \lvert x_i - \overline{x} \rvert \cdot h(x_i)$	$k < n$ k gibt die Anzahl der unterschiedlichen Merkmalsausprägungen an.
Varianz	• **ungruppierte Daten** $\sigma^2 = \frac{(x_1 - \overline{x})^2 + (x_2 - \overline{x})^2 + (x_3 - \overline{x})^2 + \ldots + (x_n - \overline{x})^2}{n}$ oder $\sigma^2 = \frac{1}{n} \sum_{i=1}^{n} (x_i - \overline{x})^2$	
	• **gruppierte Daten** Absolute Häufigkeiten sind gegeben $\sigma^2 = \frac{1}{n} \sum_{i=1}^{k} (x_i - \overline{x})^2 \cdot n_i$ Relative Häufigkeiten sind gegeben $\sigma^2 = \sum_{i=1}^{k} (x_i - \overline{x})^2 \cdot h(x_i)$	$k < n$ k gibt die Anzahl der unterschiedlichen Merkmalsausprägungen an.
	• **klassierte Daten** Absolute Haäufigkeiten sind gegeben: $\sigma^2 = \frac{1}{n} \sum_{i=1}^{k} (x_i^* - \overline{x})^2 \cdot n_i$ Relative Häufigkeiten sind gegeben: $\sigma^2 = \sum_{i=1}^{k} (x_i^* - \overline{x})^2 \cdot h(x_i^*)$	x_i^*: Klassenmitte mit $x_i^* = \frac{x_i^u + x_i^o}{2}$ x_i^u: kleinster Klassenwert x_i^o: größter Klassenwert
Standardabweichung	$\sigma = \sqrt{\sigma^2}$	
Streuungsintervall (Intervall um das arithmetische Mittel)	$[\overline{x} - \sigma; \overline{x} + \sigma]$	Werte im Streuungsintervall werden als „normal", „üblich" oder „charakteristisch" bezeichnet.

2.4 Lineare Regression und Korrelation

Regressionsgerade	$f(x) = mx + b$ mit $m = \dfrac{\sum_{i=1}^{n} x_i \cdot y_i - n \cdot \overline{x} \cdot \overline{y}}{\sum_{i=1}^{n} x_i^2 - n \cdot \overline{x}^2}$ und $b = \overline{y} - m \cdot \overline{x}$	$S(\overline{x}/\overline{y})$: Schwerpunkt $\overline{x}$: Mittelwert aller x-Werte $\overline{y}$: Mittelwert aller y-Werte
Punktwolke mit Regressionsgerade	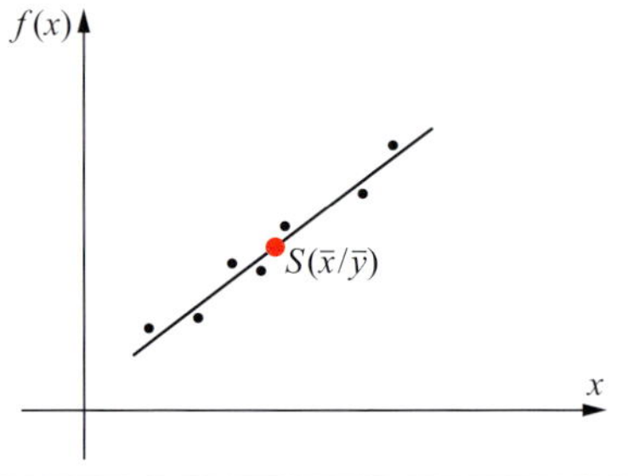	
Korrelationskoeffizient	$r = \dfrac{\sum_{i=1}^{n} x_i \cdot y_i - n \cdot \overline{x} \cdot \overline{y}}{\sqrt{\left(\sum_{i=1}^{n} x_i^2 - n \cdot \overline{x}^2\right) \cdot \left(\sum_{i=1}^{n} y_i^2 - n \cdot \overline{y}^2\right)}}$ mit $r \in [0;\, 1]$ $r = 0$ kein Zusammenhang $0 < \lvert r \rvert \leq 0{,}25$ schwacher Zusammenhang $0{,}25 < \lvert r \rvert \leq 0{,}75$ mittlerer Zusammenhang $0{,}75 < \lvert r \rvert < 1$ starker Zusammenhang $\lvert r \rvert = 1$ absoluter Zusammenhang	

3 Wahrscheinlichkeitsrechnung

3.1 Grundbegriffe der Wahrscheinlichkeitsrechnung

Ergebnismenge (Ergebnisraum Ω)	$S = \{e_1;\, e_2;\, e_3;\, \dots\, e_n\}$	Menge aller möglichen Ergebnisse e_i (Ausgänge) eines Zufallsexperiments
Ereignis (Ereignismenge oder Ereignisraum)	$E \subseteq S$, z. B. $E = \{e_1;\, e_2\} \subseteq S = \{e_1;\, e_2\}$	E ist Teilmenge aus S

Elementarereignis	$E \subset S$, z. B. $E = \{e_1\} \subset S = \{e_1; e_2\}$	E ist *echte* Teilmenge aus S mit nur einem Element
Relative Häufigkeit eines Ergebnisses	$h(e_i) = \frac{n_i}{n}$	$0 \leq h(e_i) \leq 1$
Empirisches Gesetz der großen Zahlen	Wird ein Zufallsversuch sehr oft wiederholt, und nähert sich die relative Häufigkeit $h(e_i)$ des Ergebnisses e_i einem bestimmten Wert an, so wird diese Näherung als Wahrscheinlichkeit $P(e_i)$ für das Ergebnis angenommen.	
Wahrscheinlichkeit eines Ergebnisses	$P(e_i)$	$0 \leq P(e_i) \leq 1$
Wahrscheinlichkeitsfunktion (Wahrscheinlichkeitsverteilung)	Lässt sich jedem Ergebnis e_i der Ergebnismenge S der Form $S = \{e_1; e_2; e_3; \dots e_n\}$ genau eine Wahrscheinlichkeit $P(e_i)$ zuordnen, so heißt diese Funktion Wahrscheinlichkeitsfunktion.	$0 \leq P(e_i) \leq 1$ und $\sum_{i=1}^{n} P(e_i) = 1$
Laplace-Experiment	Wenn bei einem Zufallsexperiment alle Ergebnisse die gleiche Wahrscheinlichkeit haben, so heißt dieses Zufallsexperiment Laplace-Experiment.	
	Wahrscheinlichkeit eines Laplace-Ergebnisses $P(e) = \frac{1}{\lvert S \rvert}$	$\lvert S \rvert$: Anzahl aller möglichen Ergebnisse
	Wahrscheinlichkeit eines Laplace-Ereignisses $P(E) = \frac{\lvert E \rvert}{\lvert S \rvert}$	$\lvert E \rvert$: Anzahl aller günstigen Ergebnisse
	Gegenwahrscheinlichkeit $P(\overline{E}) = 1 - P(E)$	$0 \leq P(E) \leq 1$

3.2 Baumdiagramme und Pfadregeln

Baumdiagramm	Beispiel: 2-stufig mit jeweils 2 Ergebnissen auf jeder Stufe 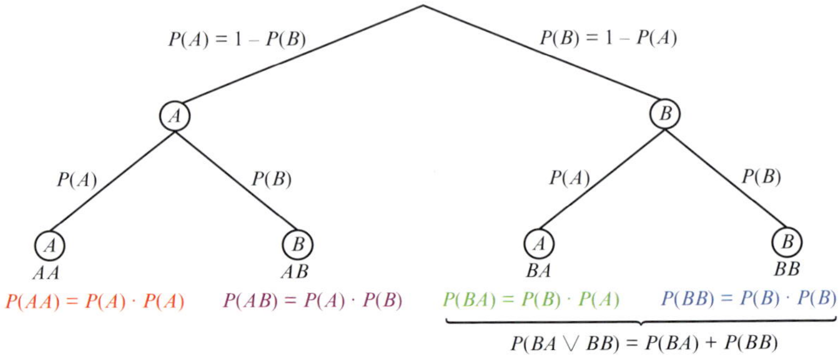	
Variation	$BA \neq AB$	Reihenfolge wird beachtet: Erst B, dann A ist nicht das Gleiche wie erst A dann B.
Kombination	$BA = AB$	Reihenfolge wird *nicht* beachtet: Erst B, dann A ist das Gleiche wie erst A dann B
Pfadmultiplikationsregel (1. Pfadregel)	Liegen die **Einzelwahrscheinlichkeiten** eines Ereignisses (z. B. AA) **auf einem Pfad**, so lässt sich die Wahrscheinlichkeit des Ereignisses $P(AA)$ durch **Multiplikation** der Einzelwahrscheinlichkeiten berechnen: $P(AA) = P(A) \cdot P(A)$.	
Pfadadditionsregel (2. Pfadregel)	Liegen die **Einzelwahrscheinlichkeiten** eines Ereignisses (z. B. BA oder BB) **auf mehreren Pfaden**, so lässt sich die Wahrscheinlichkeit des Ereignisses $P(BA \vee BB)$ durch **Addition** der Wahrscheinlichkeiten der zugehörigen Pfade berechnen: $P(BA \vee BB) = P(BA) + P(BB)$	

3.3 Bedingte Wahrscheinlichkeit

Baumdiagramm	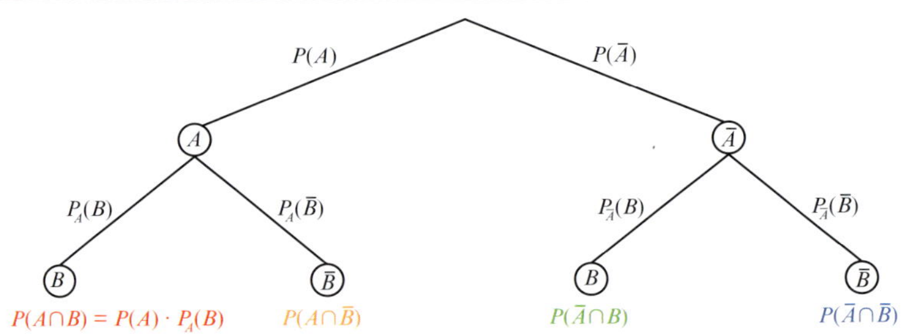

Vier-Felder-Tafel

	B	$\overline{B}$	$\sum$
A	$P(A \cap B)$	$P(A \cap \overline{B})$	$P(A)$
$\overline{A}$	$P(\overline{A} \cap B)$	$P(\overline{A} \cap \overline{B})$	$P(\overline{A})$
$\sum$	$P(B)$	$P(\overline{B})$	1

Inverses (umgekehrtes) Baumdiagramm

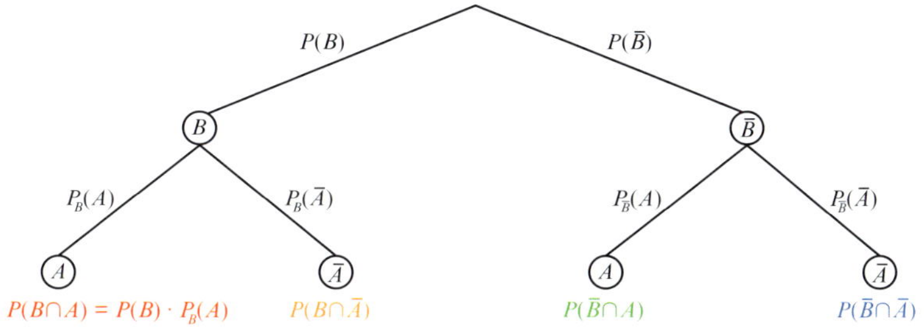

Inverse (umgekehrte) Vier-Felder-Tafel

	A	$\overline{A}$	$\sum$
B	$P(B \cap A)$	$P(B \cap \overline{A})$	$P(B)$
$\overline{B}$	$P(\overline{B} \cap A)$	$P(\overline{B} \cap \overline{A})$	$P(\overline{B})$
$\sum$	$P(A)$	$P(\overline{A})$	1

Satz von Bayes

$$P_B(A) = \frac{P(A \cap B)}{P(B)} = \frac{P(A) \cdot \frac{P(A \cap B)}{P(A)}}{P(B)} = \frac{P(A) \cdot P_A(B)}{P(B)}$$ mit $P(A)$, $P(B) \neq 0$

3.4 Kombinatorik

Fakultät	$n! = n \cdot (n-1) \cdot (n-2) \cdot \ldots \cdot (n-(n-1))$ $= n \cdot (n-1) \cdot (n-2) \cdot \ldots \cdot 1$	$n \in \mathbb{N}$ $3! = 3 \cdot 2 \cdot 1 = 6$ $1! = 0! = 1$
Binomialkoeffizient	$\binom{n}{k}$	$\binom{n}{k} = \frac{n!}{k! \cdot (n-k)!}$

Anzahl der Möglichkeiten bei k Ziehungen aus n Elementen		**mit** Zurücklegen **mit** Wiederholung	**ohne** Zurücklegen **ohne** Wiederholung
	mit Beachtung der Reihenfolge $BA \neq AB$ **Variation**	n^k	$\frac{n!}{(n-k)!}$
	ohne Beachtung der Reihenfolge $BA = AB$ **Kombination**	$\binom{n+k-1}{k}$	$\frac{n!}{k! \cdot (n-k)!}$
	mit $n, k \in \mathbb{N}^*$		

3.5 Bernoulli-Experiment

Definition	Wenn ein Zufallsexperiment theoretisch unendlich oft durchgeführt werden kann und es bei jedem Mal nur die gleichen zwei Ausgänge gibt, bei denen sich die jeweiligen Trefferwahrscheinlichkeiten p nicht verändern, so heißt das Zufallsexperiment Bernoulli-Experiment.	
Formel von Bernoulli	$P(X = k) = \binom{n}{k} \cdot p^k \cdot (1-p)^{n-k}$ mit $n, k \in \mathbb{N}, n \geq k, 0 \leq p \leq 1$	n: Stichprobenumfang k: Treffer p: Wahrscheinlichkeit

3.6 Allgemeine Wahrscheinlichkeitsverteilung

Zufallsgröße X (Zufallsvariable)	Die Zufallsgröße X ist eine Funktion, die jedem Ergebnis e_i eines Zufallsexperiments einen Wert zuordnet. Kann die Zufallsgröße nur ganzzahlige Werte annehmen, wird sie **diskrete Zufallsgröße** genannt. Kann die Zufallsgröße jeden reellen Wert annehmen, wird sie **stetige Zufallsgröße** genannt.	
Wahrscheinlichkeitsverteilung der Zufallsgröße X	Die Wahrscheinlichkeitsverteilung ist eine Funktion, die jedem Wert x_i einer Zufallsgröße X seine Wahrscheinlichkeit $P(X = x_i)$ zuordnet.	$x_i \in \mathbb{R}$ $P(X = x_i) \in [0; 1]$

Erwartungswert der Zufallsgröße *X*	$E(X) = x_1 \cdot P(X = x_1) + x_2 \cdot P(X = x_2) + \ldots + x_n \cdot P(X = x_n)$ oder $E(X) = \sum_{i=1}^{n} x_i \cdot P(X = x_i)$	
Varianz der Zufallsgröße *X*	$V(x) = \sum_{i=1}^{n} \left(x_i - E(X)\right)^2 \cdot P(X = x_i)$	
Standardabweichung der Zufallsgröße *X*	$\sigma(X) = \sqrt{V(X)}$	
Streuungsintervall der Zufallsgröße *X*	$\left[E(x) - \sigma(X); E(x) + \sigma(X)\right]$	Werte im Streuungsintervall werden als „normal", „üblich" oder „charakteristisch" bezeichnet.

3.7 Binomialverteilung

Definition	Liegt einer Wahrscheinlichkeitsverteilung ein **Bernoulli-Experiment** zu Grunde, so heißt sie Binomialverteilung. Die Zufallsgröße ist dann binomialverteilt (**diskrete Verteilung**).	
Einzelwahrscheinlichkeit	$P(X = k) = B_{n;p}(k)$ $= \binom{n}{k} \cdot p^k \cdot (1 - p)^{n-k}$	n: Stichprobenumfang k: Treffer p: Trefferwahrscheinlichkeit
kumulierte Wahrscheinlichkeit	$P(X \leq k) = F_{n;p}(k)$ $= \sum_{i=0}^{k} \binom{n}{i} \cdot p^i \cdot (1 - p)^{n-i}$	$n, k \in \mathbb{N}$ $n \geq k$ $0 \leq p \leq 1$ kumulieren bedeutet anhäufen, addieren, zusammenzählen

<table>
<tr><td>Trefferanzahl</td><td colspan="2">
• genau k Treffer
$P(X = k) = B_{n;p}(k)$
• höchstens k Treffer
$P(X \leq k) = F_{n;p}(k)$
• weniger als k Treffer
$P(X < k) = P(X \leq k - 1) = F_{n;p}(k - 1)$
• mindestens k Treffer
$P(X \geq k) = 1 - P(X \leq k - 1) = 1 - F_{n;p}(k - 1)$
• mehr als k Treffer
$P(X > k) = 1 - P(X \leq k) = 1 - F_{n;p}(k)$
• mehr als a und höchstens b Treffer
$P(a < X \leq b) = P(X \leq b) - P(X \leq a)$
• mehr als a und weniger als b Treffer (zwischen a und b Treffer)
$P(a < X < b) = P(X \leq b - 1) - P(X \leq a)$
• mindestens a und höchstens b Treffer
$P(a \leq X \leq b) = P(X \leq b) - P(X \leq a - 1)$
• mindestens a und weniger als b Treffer
$P(a \leq X < b) = P(X \leq b - 1) - P(X \leq a - 1)$
</td></tr>
<tr><td>Erwartungswert binomialverteilter Zufallsgrößen</td><td>$E(X) = \mu = n \cdot p$</td><td rowspan="4">$n \in \mathbb{N}$
$0 \leq p \leq 1$
$p + q - 1$</td></tr>
<tr><td>Varianz binomialverteilter Zufallsgrößen</td><td>$\sigma^2 = n \cdot p \cdot q = n \cdot p \cdot (1 - p)$</td></tr>
<tr><td>Standardabweichung binomialverteilter Zufallsgrößen</td><td>$\sigma = \sqrt{n \cdot p \cdot q} = \sqrt{n \cdot p \cdot (1 - p)}$</td></tr>
<tr><td>Laplace-Bedingung</td><td>$\sigma = \sqrt{n \cdot p \cdot q} > 3$</td></tr>
</table>

3.8 Sigma-Regeln (Intervalle um den Erwartungswert)

Begriff	**Schluss von der Grundgesamtheit auf die Stichprobe:** Ist die Trefferwahrscheinlichkeit der Grundgesamtheit bekannt, so können Aussagen über die Ergebnisse der Stichprobe getätigt werden, wenn die Laplace-Bedingung $\sigma = \sqrt{n \cdot p \cdot q} > 3$ erfüllt ist.	n: Stichprobenumfang p: Trefferwahrscheinlichkeit q: Gegenwahrscheinlichkeit $1 - p$
Sigma-Intervalle	$P(X \in [\mu - 1\sigma; \mu + 1\sigma]) \approx 0{,}68 = 68\,\%$ $P(X \in [\mu - 2\sigma; \mu + 2\sigma]) \approx 0{,}955 = 95{,}5\,\%$ $P(X \in [\mu - 3\sigma; \mu + 3\sigma]) \approx 0{,}997 = 99{,}7\,\%$ $P(X \in [\mu - 0{,}68\,\sigma; \mu + 0{,}68\,\sigma]) \approx 0{,}50 = 50\,\%$ $P(X \in [\mu - 1{,}64\,\sigma; \mu + 1{,}64\,\sigma]) \approx 0{,}90 = 90\,\%$ $P(X \in [\mu - 1{,}96\,\sigma; \mu + 1{,}96\,\sigma]) \approx 0{,}95 = 95\,\%$ $P(X \in [\mu - 2{,}58\,\sigma; \mu + 2{,}58\,\sigma]) \approx 0{,}99 = 99\,\%$ 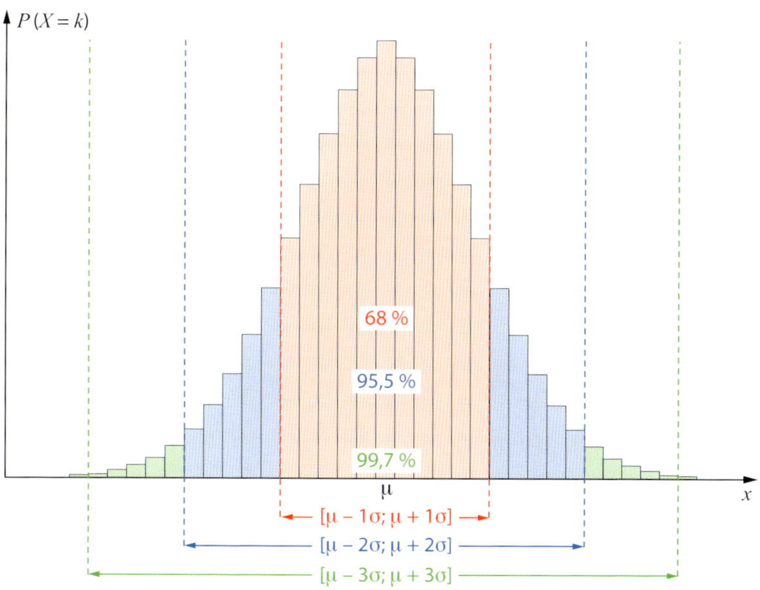	μ: Erwartungswert σ: Standardabweichung

3.9 Normalverteilung

Definition	Lässt sich die Wahrscheinlichkeitsverteilung einer stetig verteilten Zufallsgröße durch die Dichtefunktion $\varphi(x) = \frac{1}{\sigma \cdot \sqrt{2\pi}} \cdot e^{-\frac{1}{2}\left(\frac{x-\mu}{\sigma}\right)^2}$ beschreiben und ist μ der Erwartungswert und σ die Standardabweichung, so heißt die Wahrscheinlichkeitsverteilung Normalverteilung. Die Zufallsgröße X ist dann normalverteilt.
Wahrscheinlichkeiten normalverteilter Zufallsgrößen	**höchstens x_1** $P(X \leq x_1) = \left[\Phi(x)\right]_{-\infty}^{x_1} = \frac{1}{\sigma \cdot \sqrt{2\pi}} \cdot \int_{-\infty}^{x_1} e^{-\frac{1}{2}\left(\frac{x-\mu}{\sigma}\right)^2} dx$ mit $x \in \mathbb{R}$ 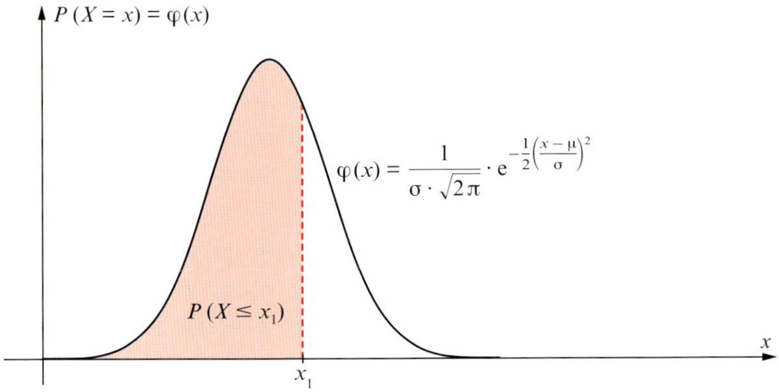 **mindestens x_1 und höchstens x_2 (zwischen x_1 und x_2)** $P(x_1 \leq X \leq x_2) = \left[\Phi(x)\right]_{x_1}^{x_2}$ $= \int_{x_1}^{x_2} \frac{1}{\sigma \cdot \sqrt{2\pi}} \cdot e^{-\frac{1}{2}\left(\frac{x-\mu}{\sigma}\right)^2} dx$ mit $x_1, x_2 \in \mathbb{R}$ 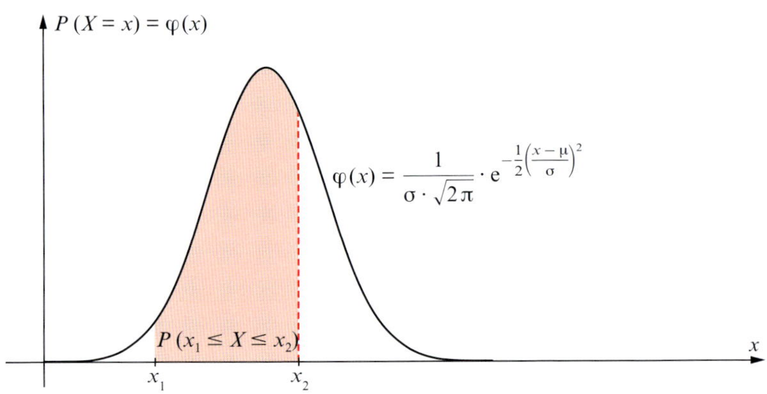

Dichtefunktion	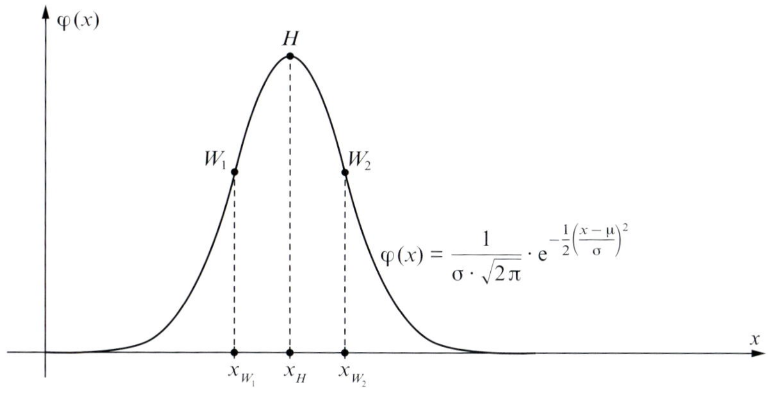 $x_{W_1} = \mu - \sigma$ $x_H = \mu$ $x_{W_2} = \mu + \sigma$ $W_1\left(\mu - \sigma \Big/ \frac{1}{\sigma \cdot \sqrt{2\pi e}}\right)$ $H\left(\mu \Big/ \frac{1}{\sigma \cdot \sqrt{2\pi}}\right)$ $W_2\left(\mu + \sigma \Big/ \frac{1}{\sigma \cdot \sqrt{2\pi e}}\right)$	
Integral der Dichtefunktion	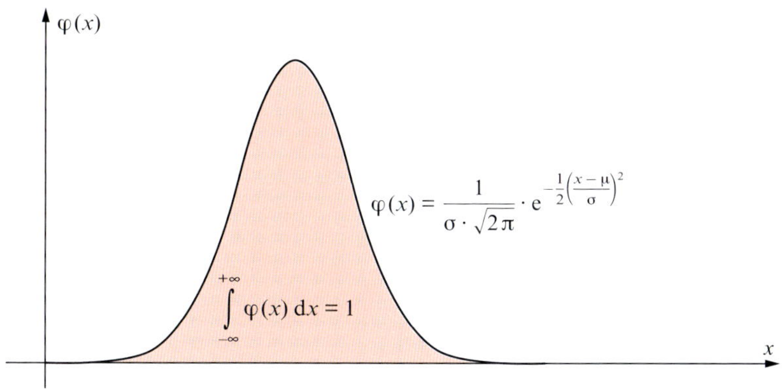	
Verteilungs-funktion (Gauß'sche Summenfunktion)	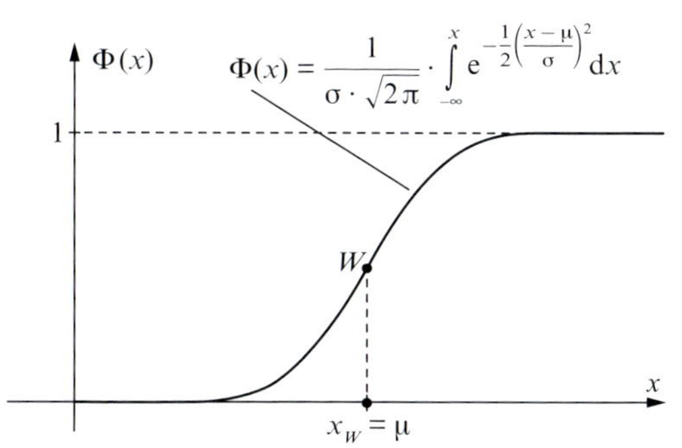	Die Funktionswerte geben die kumulierten (addierten) Wahrscheinlichkeiten an.

3.10 Standardnormalverteilung

<table>
<tr><td>Definition</td><td>Lässt sich die Wahrscheinlichkeitsverteilung einer stetig verteilten Zufallsgröße durch die Dichtefunktion $\varphi(z) = \frac{1}{\sqrt{2\pi}} \cdot e^{-\frac{1}{2}z^2}$ beschreiben, so heißt die Wahrscheinlichkeitsverteilung Standardnormalverteilung. Die Zufallsgröße Z ist dann standardnormalverteilt. Die Standardnormalverteilung ist eine Normalverteilung mit dem Erwartungswert $\mu = 0$ und der Standardabweichung $\sigma = 1$.</td></tr>
<tr><td>Standardisierung</td><td>• Dichtefunktion
$z = \frac{x - \mu}{\sigma}$
• Verteilungsfunktion
$\Phi(z) = \Phi\left(\frac{x - \mu}{\sigma}\right)$

x: Merkmalsausprägung der normalverteilten Zufallsgröße
μ: Erwartungswert
σ: Standardabweichung</td></tr>
<tr><td>Wahrscheinlichkeiten standardnormalverteilter Zufallsgrößen</td><td>höchstens z
$P(Z \leq z) = \Phi(z) = \frac{1}{\sqrt{2\pi}} \cdot \int_{-\infty}^{z} e^{-\frac{1}{2}z^2}\,dz$
mit $z = \frac{x - \mu}{\sigma}$
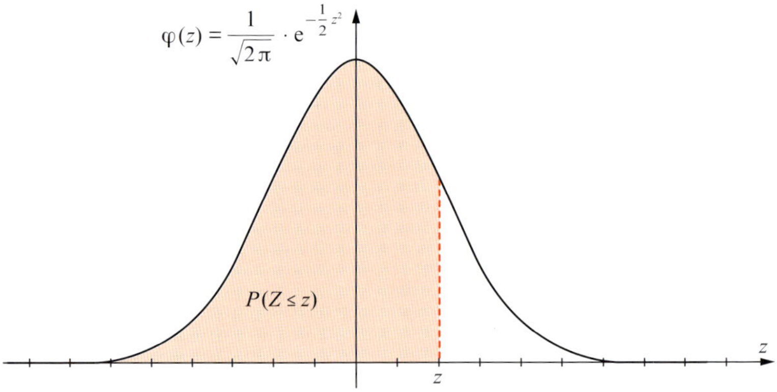

x: Merkmalsausprägung der normalverteilten Zufallsgröße
x_2: größere Merkmalsausprägung der normalverteilten Zufallsgröße
x_1: kleinere Merkmalsausprägung der normalverteilten Zufallsgröße
μ: Erwartungswert
σ: Standardabweichung</td></tr>
</table>

Wahrscheinlichkeiten standardnormalverteilter Zufallsgrößen	**mindestens z_1 und höchstens z_2 (zwischen z_1 und z_2)** $P(z_1 \leq Z \leq z_2) = \Phi(z_2) - \Phi(z_1)$ $= \frac{1}{\sqrt{2\pi}} \cdot \int_{z_1}^{z_2} e^{-\frac{1}{2}z^2}\,dz$ $= \frac{1}{\sqrt{2\pi}} \cdot \int_{-\infty}^{z_2} e^{-\frac{1}{2}z^2}\,dz - \frac{1}{\sqrt{2\pi}} \cdot \int_{-\infty}^{z_1} e^{-\frac{1}{2}z^2}\,dz$ mit $z_2 = \frac{x_2 - \mu}{\sigma}$ und $z_1 = \frac{x_1 - \mu}{\sigma}$ 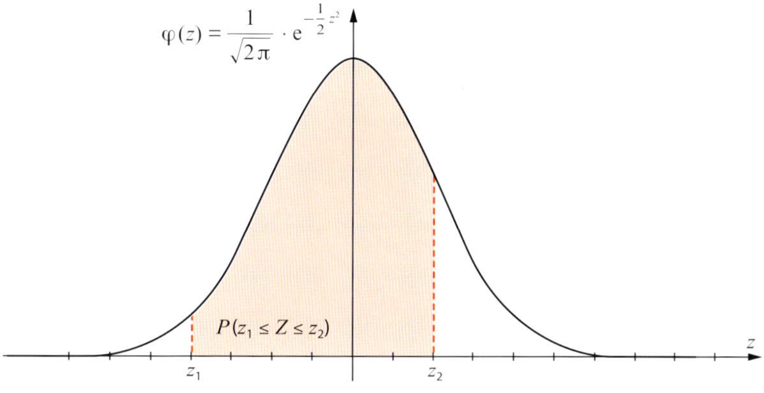
Dichtefunktion	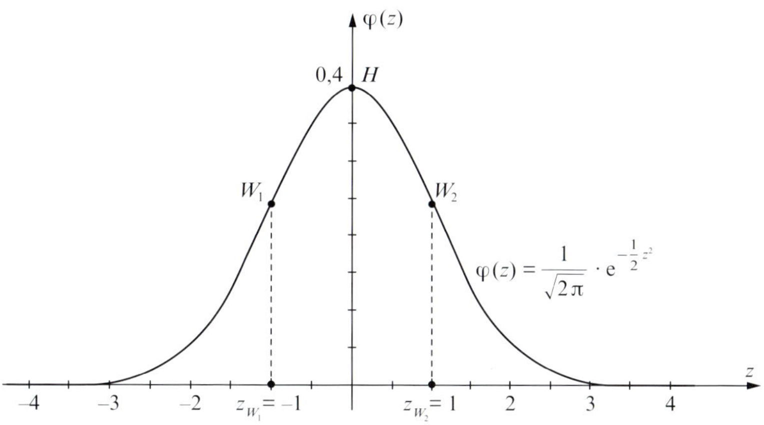 $\mu = z_H = 0$ $W_1\left(-1 \Big/ \frac{1}{\sqrt{2\pi e}}\right)$ $H\left(0 \Big/ \frac{1}{\sqrt{2\pi}}\right)$ $W_2\left(1 \Big/ \frac{1}{\sqrt{2\pi e}}\right)$

Integrale der Dichtefunktion

symmetrische Mittelfläche $|-z| = z$

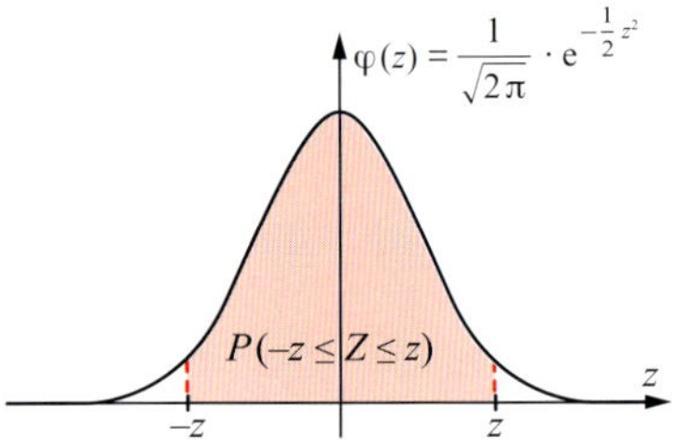

$P(-z \leq Z \leq z) = 2\Phi(z) - 1$

Mittelfläche $z_1 < z_2$

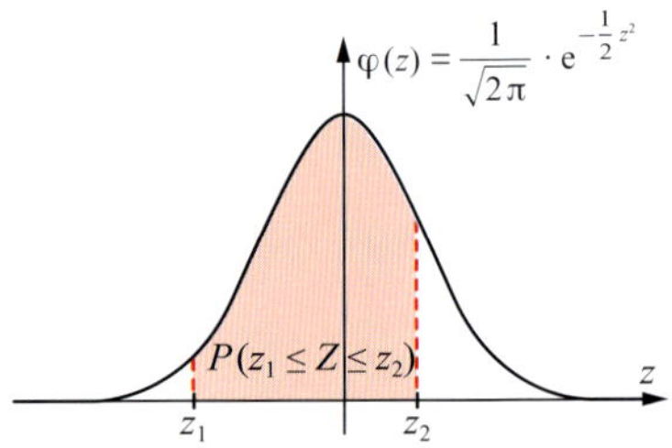

$P(-z \leq Z \leq z) = \Phi(z_2) - \Phi(z_1)$

linke Randfläche $z > 0$

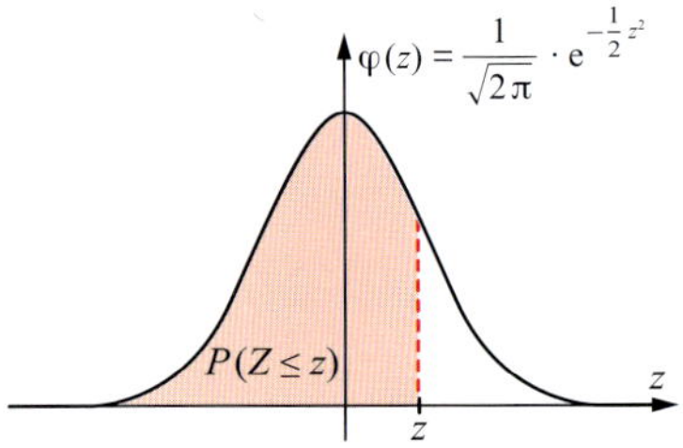

$P(Z \leq z) = \Phi(z)$

linke Randfläche $z < 0$

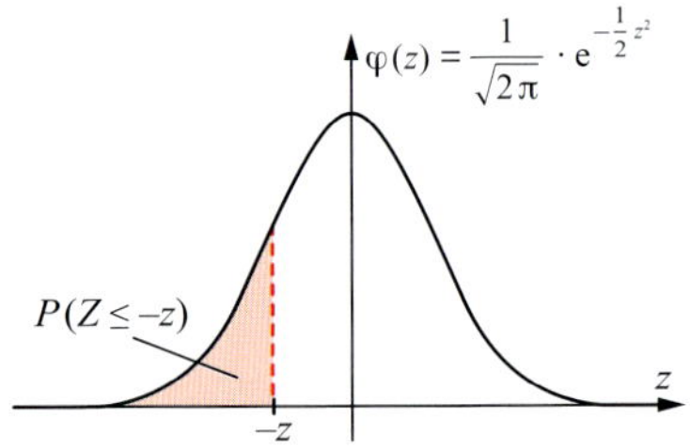

$P(Z \leq -z) = 1 - \Phi(z)$

rechte Randfläche $z < 0$

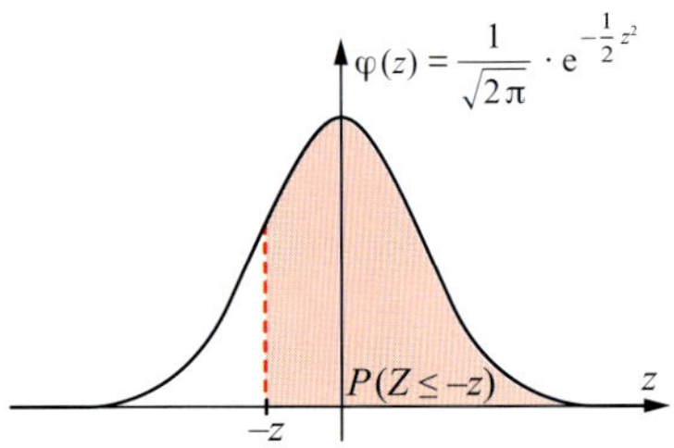

$P(Z \geq - z) = \Phi(z)$

rechte Randfläche $z > 0$

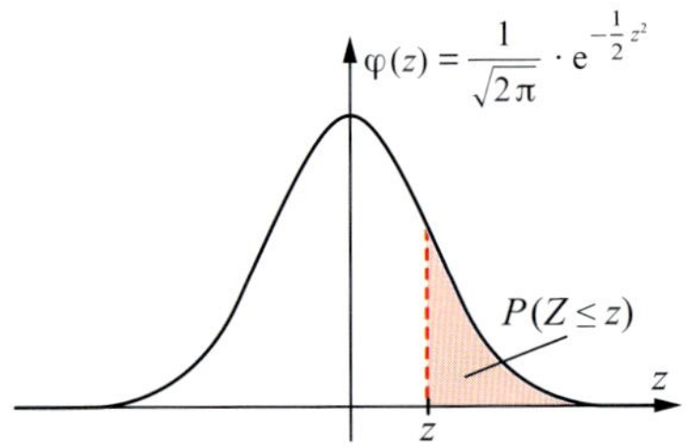

$P(Z \leq z) = 1 - \Phi(z)$

Verteilungsfunktion

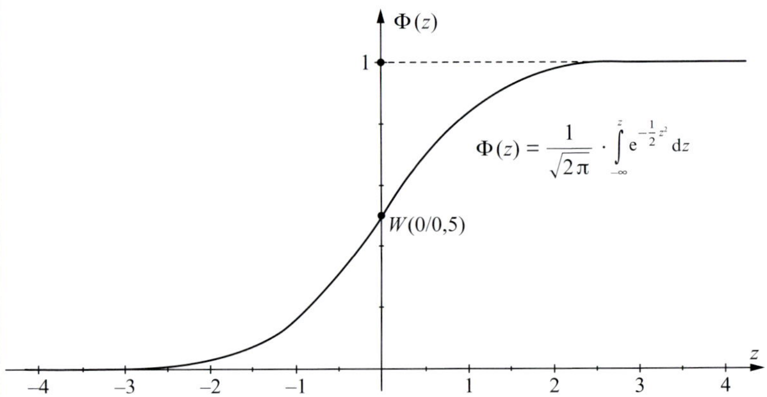

3.11 Approximation der Binomialverteilung durch die Normalverteilung

Definition	Wahrscheinlichkeiten binomialverteilter Zufallsgrößen lassen sich näherungsweise auch mit der Normalverteilung bestimmen, wenn die Laplace-Bedingung $\sigma = \sqrt{n \cdot p \cdot q} > 3$ erfüllt ist. Es gilt dann $B_{n;\,p}(x) = \binom{n}{x} \cdot p^x \cdot (1-p)^{n-x} \approx \varphi(x) = \frac{1}{\sigma \cdot \sqrt{2\pi}} \cdot e^{-\frac{1}{2}\left(\frac{x-\mu}{\sigma}\right)^2}$
Näherungsformel von de Moivre-Laplace	• **ohne Stetigkeitskorrektur** $P(x_1 \leq X \leq x_2) \approx \Phi\left(\frac{x_2-\mu}{\sigma}\right) - \Phi\left(\frac{x_1-\mu}{\sigma}\right)$ für $\sqrt{n \cdot p \cdot q} > 3$ Binomial-verteilung Normal-verteilung 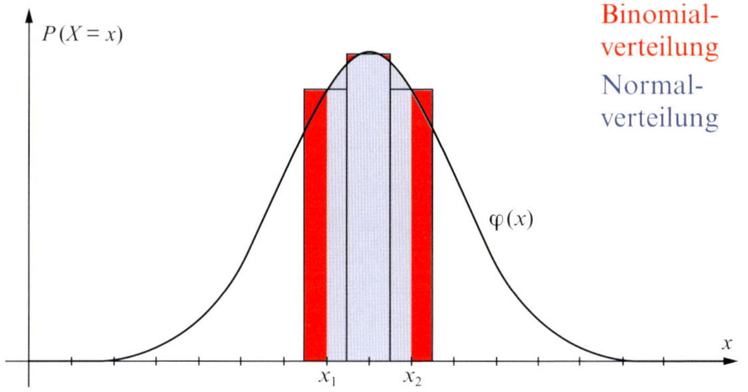 • **mit Stetigkeitskorrektur** $P(x_1 \leq X \leq x_2) \approx \Phi\left(\frac{x_2+0{,}5-\mu}{\sigma}\right) - \Phi\left(\frac{x_1-0{,}5-\mu}{\sigma}\right)$ 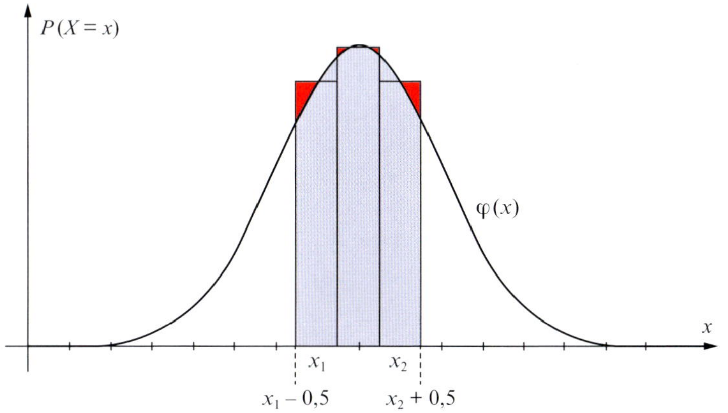

4 Beurteilende Statistik

4.1 Vertrauensintervalle

Begriff	**Schluss von der Stichprobe auf die Gesamtheit** Ist die relative Trefferhäufigkeit der Stichprobe bekannt, so können mit einer zuvor festgelegten Irrtumswahrscheinlichkeit α Aussagen über die Gesamtheit getätigt werden. Es gilt $\lvert p - h \rvert \leq c \cdot \sqrt{\frac{p - p^2}{n}}$ mit $h = \frac{X}{n}$ Die Trefferwahrscheinlichkeiten der Gesamtheit liegen dann mit einer Sicherheitswahrscheinlichkeit von $1 - \alpha$ im Intervall $[p_1; p_2]$.	h: relative Trefferhäufigkeit der Stichprobe X: Anzahl der Treffer in der Stichprobe n: Stichprobenumfang p: unbekannte Trefferwahrscheinlichkeit in der Gesamtheit
Sigma-Umgebungen für Sicherheitswahrscheinlichkeiten von 90 %, 95 % und 99 %	$c = 1{,}64 \mathrel{\hat{=}} 90\,\%$ Sicherheitswahrscheinlichkeit $c = 1{,}96 \mathrel{\hat{=}} 95\,\%$ Sicherheitswahrscheinlichkeit $c = 2{,}58 \mathrel{\hat{=}} 99\,\%$ Sicherheitswahrscheinlichkeit	
Sigma-Umgebung eines beliebigen Vertrauensintervalls	$c = z$ mit $\Phi(z) = 1 - \frac{\alpha}{2}$, da $\Phi(z) - \Phi(-z) = 1 - \alpha$ $\Phi(z) - \left(1 - \Phi(z)\right) = 1 - \alpha$ $\Phi(z) - 1 + \Phi(z) = 1 - \alpha$ $2\Phi(z) - 1 = 1 - \alpha$ $2\Phi(z) = 2 - \alpha$ $\Phi(z) = 1 - \frac{\alpha}{2}$	α: Irrtumswahrscheinlichkeit $1 - \alpha$: Sicherheitswahrscheinlichkeit

Exaktes Vertrauensintervall	$\text{VI} = \left[\dfrac{\frac{c^2}{2n} + h - c \cdot \sqrt{\frac{c^2}{4n^2} + \frac{h-h^2}{n}}}{\frac{c^2}{n} + 1}; \dfrac{\frac{c^2}{2n} + h + c \cdot \sqrt{\frac{c^2}{4n^2} + \frac{h-h^2}{n}}}{\frac{c^2}{n} + 1}\right]$ n: Stichprobenumfang h: relative Trefferhäufigkeit der Stichprobe c: Breite der Sigma-Umgebung
Näherungsweise bestimmtes Vertrauensintervall	$\text{VI} = \left[h - c \cdot \sqrt{\frac{h-h^2}{n}}; h + c \cdot \sqrt{\frac{h-h^2}{n}}\right]$ mit $h = \frac{X}{n}$ sinnvoll für $n \geq 1\,000$ oder $0{,}3 \leq h \leq 0{,}7$ oder $\sqrt{n \cdot p \cdot q} > 3$
Parabelansatz (exakte Lösung)	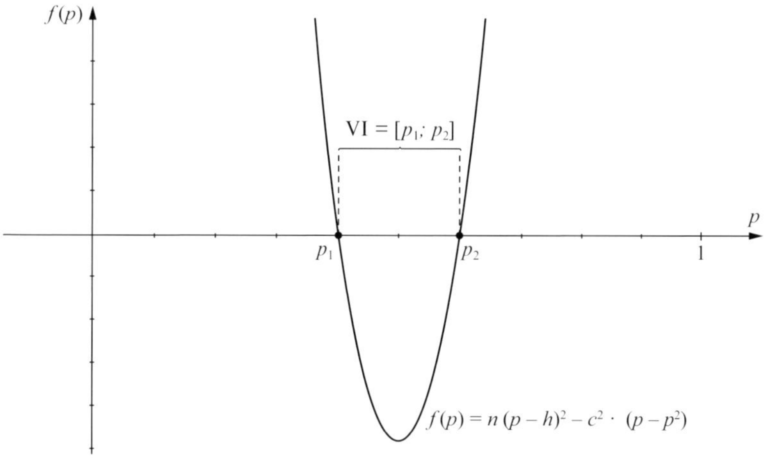 $p_{1;2} \Leftrightarrow f(p) = 0 \Leftrightarrow n(p-h)^2 - c^2 \cdot (p - p^2) = 0$ VI: Vertrauensintervall n: Stichprobenumfang $h = \frac{X}{n}$: relative Trefferhäufigkeit der Stichprobe X: Anzahl der Treffer in der Stichprobe p: unbekannte Trefferwahrscheinlichkeit der Gesamtheit c: Breite der Sigma-Umgebung

Ellipsenansatz (exakte Lösung)	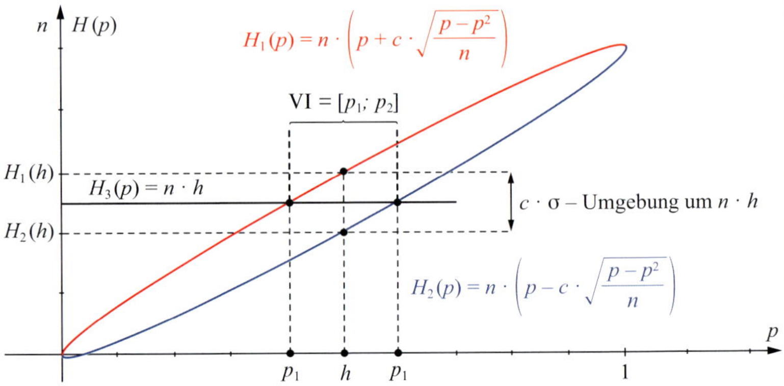 $p_1 \Leftrightarrow H_1(p) = H_3(p) \Leftrightarrow n \cdot \left(p + c \cdot \sqrt{\frac{p - p^2}{n}}\right) = n \cdot h$ $p_2 \Leftrightarrow H_2(p) = H_3(p) \Leftrightarrow n \cdot \left(p - c \cdot \sqrt{\frac{p - p^2}{n}}\right) = n \cdot h$ VI: Vertrauensintervall n: Stichprobenumfang $h = \frac{X}{n}$: relative Trefferhäufigkeit der Stichprobe X: Anzahl der Treffer in der Stichprobe p: unbekannte Trefferwahrscheinlichkeit der Gesamtheit c: Breite der Sigma-Umgebung

Geometrie

1 Ebene Geometrie

Allgemeines Dreieck	• **Umfang:** $U = a + b + c$ • **Flächeninhalt:** $I = \frac{gh}{2}$ $I = \sqrt{s(s-a)(s-b)(s-c)}$ mit $s = \frac{a+b+c}{2} = \frac{U}{2}$	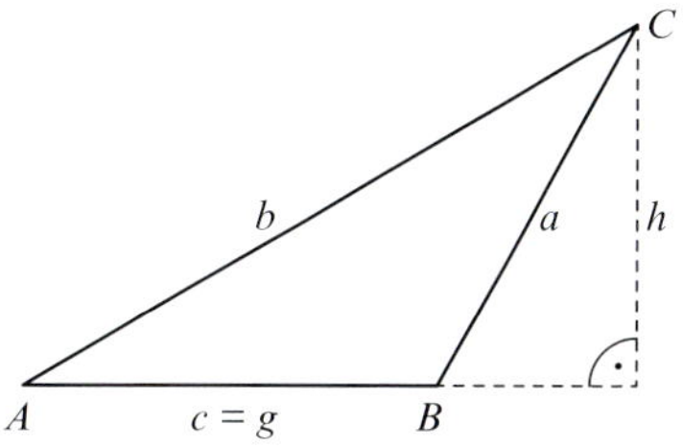
Rechtwinkliges Dreieck	• **Umfang:** $U = a + b + c$ • **Flächeninhalt:** $I = \frac{gh}{2}$ • **Satz des Pythagoras:** $a^2 + b^2 = c^2$ • **Höhensatz:** $h^2 = pq$ • **Kathetensatz:** $a^2 = cp$ und $b^2 = cq$	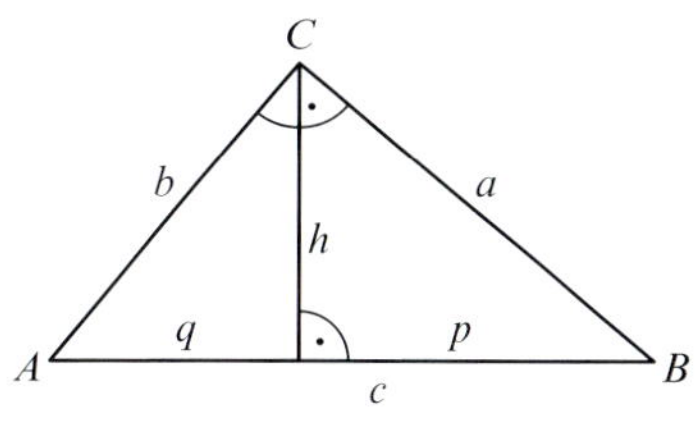
Gleichseitiges Dreieck	• **Umfang:** $U = 3a$ • **Flächeninhalt:** $I = \frac{a^2}{4}\sqrt{3}$ • **Höhe:** $h = \frac{a}{2}\sqrt{3}$ • **Radius des Umkreises:** $r = \frac{a}{3}\sqrt{3}$	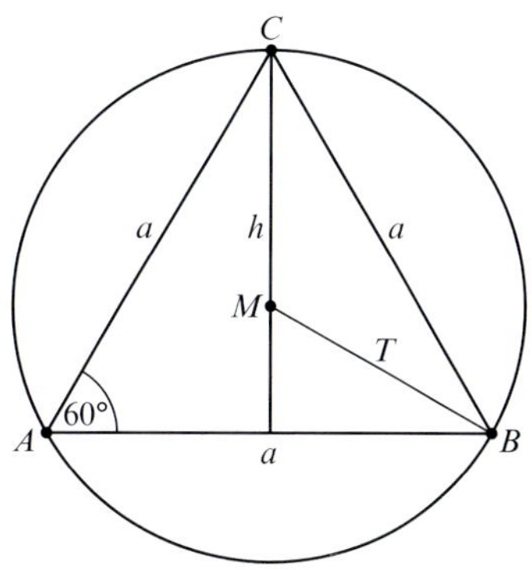

Rechteck	• **Umfang:** $U = 2a + 2b$ • **Flächeninhalt:** $I = ab$	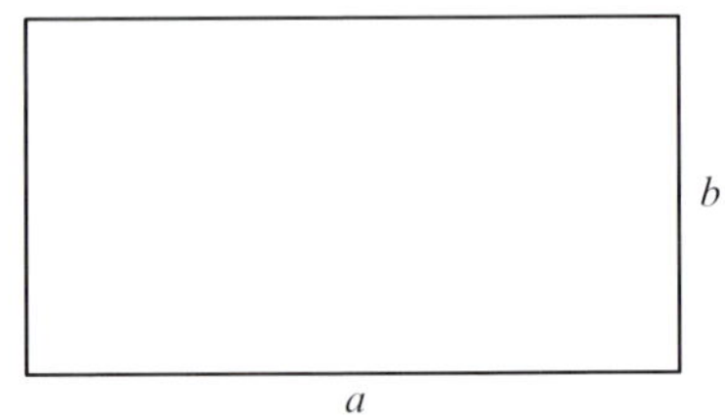
Quadrat	• **Umfang:** $U = 4a$ • **Flächeninhalt:** $I = a^2$ • **Diagonale:** $d = a\sqrt{2}$	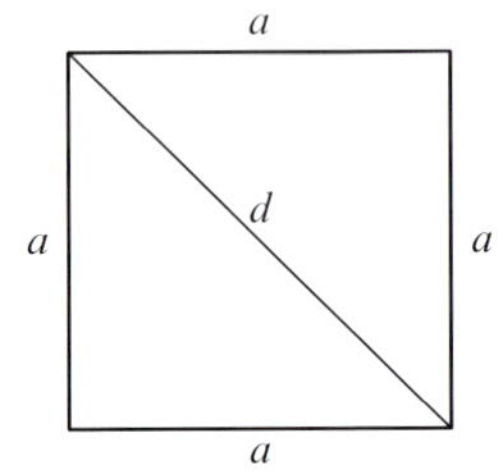
Parallelogramm	• **Umfang:** $U = 2g + 2d$ • **Flächeninhalt:** $I = gh = gd \cdot \sin\alpha$	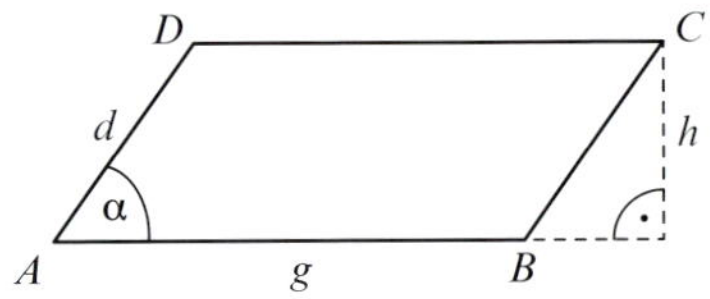
Trapez	• **Umfang:** $U = a + b + c + d$ • **Flächeninhalt:** $I = \frac{a + c}{2} \cdot h = mh$ • **Mittellinie:** $m = \frac{a + c}{2}$	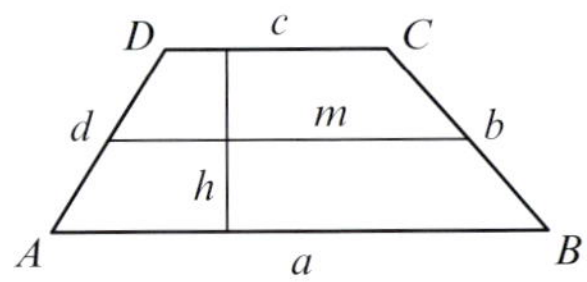
Kreis	• **Umfang:** $U = 2\pi r$ • **Flächeninhalt:** $I = \pi r^2$ • **Durchmesser:** $d = 2r$	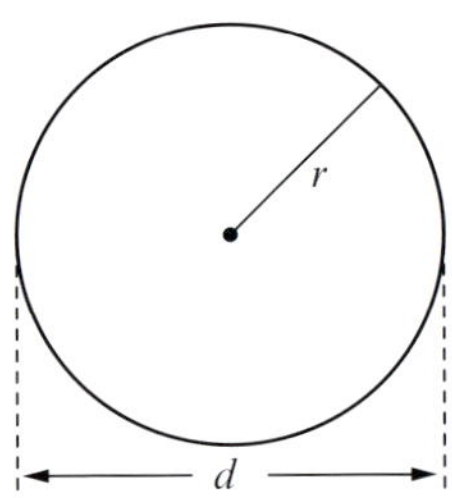

Strahlensatz	Wenn $\overline{AC} \parallel \overline{BD}$, dann gilt: $\overline{SA} : \overline{SB} = \overline{SC} : \overline{SD}$ $\overline{SA} : \overline{AC} = \overline{SB} : \overline{BD}$ $\overline{SA} : \overline{AB} = \overline{SC} : \overline{CD}$ $\overline{AC} : \overline{BD} = \overline{SA} : \overline{SB}$	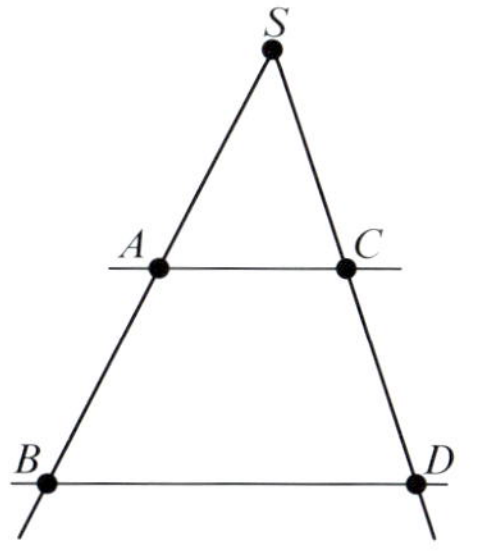

2 Raumgeometrie

Quader	• **Volumen:** $V = abc$ • **Oberfläche:** $O = 2 \cdot (ab + ac + bc)$ • **Raumdiagonale:** $e = \sqrt{a^2 + b^2 + c^2}$	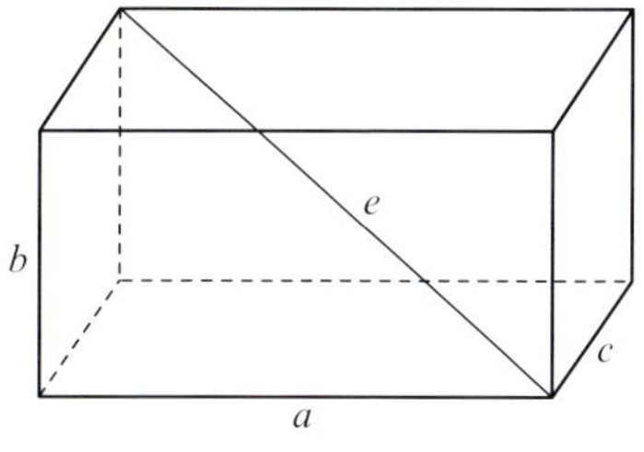
Würfel	• **Volumen:** $V = a^3$ • **Oberfläche:** $O = 6a^2$ • **Raumdiagonale:** $e = a\sqrt{3}$	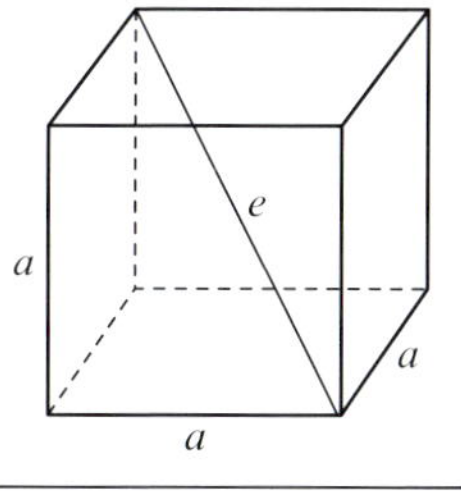
Zylinder	• **Volumen:** $V = \pi r^2 h$ • **Mantelfläche:** $M = 2\pi rh$ • **Oberfläche:** $O = 2\pi r(r + h)$	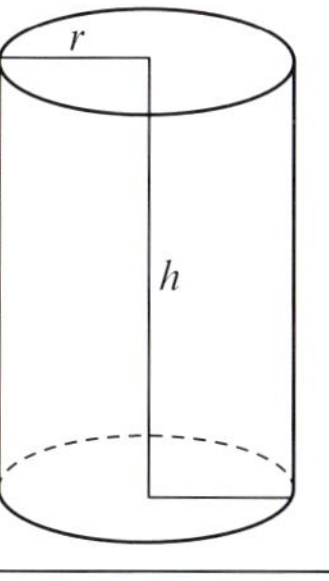

Kegel	• **Volumen:** $V = \frac{\pi}{3} r^2 h$ • **Mantelfläche:** $M = \pi r s$ mit $s = \sqrt{r^2 + h^2}$ • **Oberfläche:** $O = \pi r (r + s)$	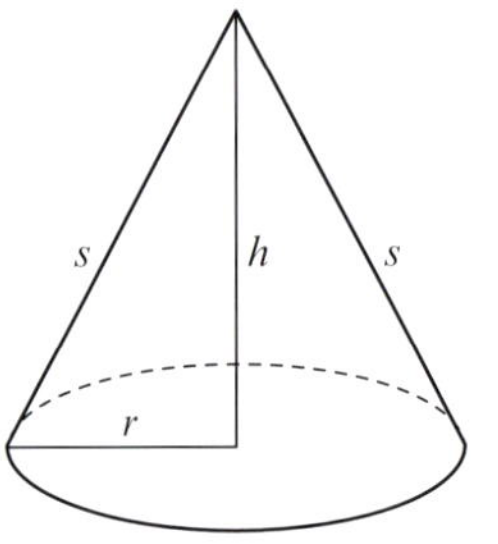
Kegelstumpf	• **Volumen:** $V = \frac{\pi \cdot h}{3} ({r_1}^2 + r_1 r_2 + {r_2}^2)$ • **Mantelfläche:** $M = \pi s (r_1 + r_2)$	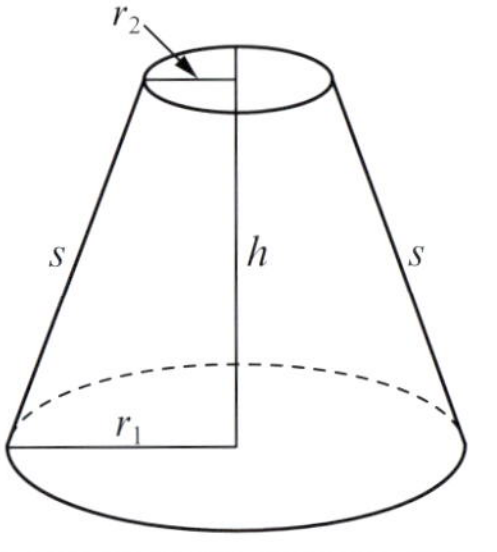
Kugel	• **Volumen:** $V = \frac{4}{3} \pi r^3$ • **Oberfläche:** $O = 4 \pi r^2$	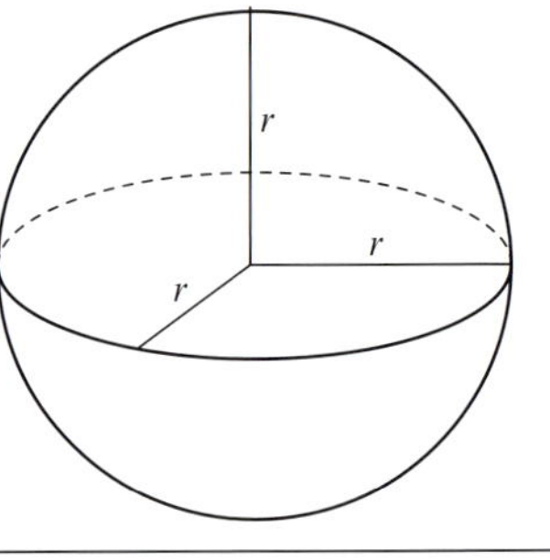

1 Binomialverteilung, $B_{n;p}(k)$, Dichtefunktion

$$P(X = k) = B_{n;p}(k) = \binom{n}{k} \cdot p^k \cdot (1 - p)^{n-k}$$

		p										
n	k	**0,01**	**0,02**	**0,05**	**0,1**	**0,15**	**0,2**	**0,25**	$\frac{1}{3}$	**0,5**		
	0	0,9801	9604	9025	8100	7225	6400	5625	4444	2500	**2**	
2	**1**	0198	0392	0950	1800	2550	3200	3750	4444	5000	**1**	**2**
	2	0001	0004	0025	0100	0225	0400	0625	1111	2500	**0**	
	0	9510	9039	7738	5905	4437	3277	2373	1317	0313	**5**	
	1	0480	0922	2036	3281	3915	4096	3955	3292	1563	**4**	
5	**2**	0010	0038	0214	0729	1382	2048	2637	3292	3125	**3**	**5**
	3		0001	0011	0081	0244	0512	0879	1646	3125	**2**	
	4				0005	0022	0064	0146	0412	1563	**1**	
	5					0001	0003	0010	0041	0313	**0**	
	0	0,9044	8171	5987	3487	1969	1074	0563	0173	0010	**10**	
	1	0914	1667	3151	3874	3474	2684	1877	0867	0098	**9**	
	2	0042	0153	0746	1937	2759	3020	2816	1951	0439	**8**	
	3	0001	0008	0105	0574	1298	2013	2503	2601	1172	**7**	
10	**4**			0010	0112	0401	0881	1460	2276	2051	**6**	**10**
	5			0001	0015	0085	0264	0584	1366	2461	**5**	
	6				0001	0012	0055	0162	0569	2051	**4**	
	7					0001	0008	0031	0163	1172	**3**	
	8						0001	0004	0030	0439	**2**	
	9								0003	0098	**1**	
	10									0010	**0**	
	0	0,7778	6035	2774	0718	0172	0038	0008			**25**	
	1	1964	3079	3650	1994	0759	0236	0063	0005		**24**	
	2	0238	0754	2305	2659	1607	0708	0251	0030		**23**	
	3	0018	0118	0930	2265	2174	1358	0641	0114	0001	**22**	
	4	0001	0013	0269	1384	2110	1867	1175	0313	0004	**21**	
	5		0001	0060	0646	1564	1960	1645	0658	0016	**20**	
	6			0010	0239	0920	1633	1828	1096	0053	**19**	
	7			0001	0072	0441	1108	1654	1487	0143	**18**	
	8				0018	0175	0623	1241	1673	0322	**17**	
	9				0004	0058	0294	0781	1580	0609	**16**	
	10				0001	0016	0118	0417	1264	0974	**15**	
	11					0004	0040	0189	0862	1328	**14**	
25	**12**					0001	0012	0074	0503	1550	**13**	**25**
	13						0003	0025	0251	1550	**12**	
	14						0001	0007	0108	1328	**11**	
	15							0002	0040	0974	**10**	
	16								0012	0609	**9**	
	17								0003	0322	**8**	
	18								0001	0143	**7**	
	19									0053	**6**	
	20									0016	**5**	
	21									0004	**4**	
	22									0001	**3**	
	23										**2**	
	24										**1**	
	25										**0**	
		0,99	**0,98**	**0,95**	**0,9**	**0,85**	**0,8**	**0,75**	$\frac{1}{3}$	**0,5**	k	n
		p										

$$P(X = k) = B_{n;p}(k) = \binom{n}{k} \cdot p^k \cdot (1 - p)^{n-k}$$

		p										
n	*k*	**0,01**	**0,02**	**0,05**	**0,1**	**0,15**	**0,2**	**0,25**	$\frac{1}{3}$	**0,5**		
50	**0**	0,6050	3642	0769	0052	0003					**50**	50
	1	3056	3716	2025	0286	0026	0002				**49**	
	2	0756	1858	2611	0779	0113	0011	0001			**48**	
	3	0122	0607	2199	1386	0319	0044	0004			**47**	
	4	0015	0145	1360	1809	0661	0128	0016			**46**	
	5	0001	0027	0658	1849	1072	0295	0049	0001		**45**	
	6		0004	0260	1541	1419	0554	0123	0004		**44**	
	7		0001	0086	1076	1575	0870	0259	0012		**43**	
	8			0024	0643	1493	1169	0463	0033		**42**	
	9			0006	0333	1230	1364	0721	0077		**41**	
	10			0001	0152	0890	1398	0985	0157		**40**	
	11				0061	0571	1271	1194	0286		**39**	
	12				0022	0328	1033	1294	0465	0001	**38**	
	13				0007	0169	0755	1261	0679	0003	**37**	
	14				0002	0079	0499	1110	0898	0008	**36**	
	15				0001	0033	0299	0888	1077	0020	**35**	
	16					0013	0164	0648	1178	0044	**34**	
	17					0005	0082	0432	1178	0087	**33**	
	18					0001	0037	0264	1080	0160	**32**	
	19						0016	0148	0910	0270	**31**	
	20						0006	0077	0705	0419	**30**	
	21						0002	0036	0503	0598	**29**	
	22						0001	0016	0332	0788	**28**	
	23							0006	0202	0960	**27**	
	24							0002	0114	1080	**26**	
	25							0001	0059	1123	**25**	
	26								0028	1080	**24**	
	27								0013	0960	**23**	
	28								0005	0788	**22**	
	29								0002	0598	**21**	
	30								0001	0419	**20**	
	31									0270	**19**	
	32									0160	**18**	
	33									0087	**17**	
	34									0044	**16**	
	35									0020	**15**	
	36									0008	**14**	
	37									0003	**13**	
	38									0001	**12**	
	39										**11**	
	40										**10**	
	41										**9**	
	42										**8**	
	43										**7**	
	44										**6**	
	45										**5**	
	46										**4**	
	47										**3**	
	48										**2**	
	49										**1**	
	50										**0**	
		0,99	**0,98**	**0,95**	**0,9**	**0,85**	**0,8**	**0,75**	$\frac{1}{3}$	**0,5**	*k*	*n*
		p										

$$P(X = k) = B_{n;p}(k) = \binom{n}{k} \cdot p^k \cdot (1-p)^{n-k}$$

		p										
n	*k*	**0,01**	**0,02**	**0,05**	**0,1**	**0,15**	**0,2**	**0,25**	$\frac{1}{3}$	**0,5**		
	0	3660	1326	0059							**100**	
	1	3697	2707	0312	0003						**99**	
	2	1849	2734	0812	0016						**98**	
	3	0610	1823	1396	0059	0001					**97**	
	4	0149	0902	1781	0159	0003					**96**	
	5	0029	0353	1800	0339	0011					**95**	
	6	0005	0114	1500	0596	0031	0001				**94**	
	7	0001	0031	1060	0889	0075	0002				**93**	
	8		0007	0649	1148	0153	0006				**92**	
	9		0002	0349	1304	0276	0015				**91**	
	10			0167	1319	0444	0034	0001			**90**	
	11			0072	1199	0640	0069	0003			**89**	
	12			0028	0988	0838	0128	0006			**88**	
	13			0010	0743	1001	0216	0014			**87**	
	14			0003	0513	1098	0335	0030			**86**	
	15			0001	0327	1111	0481	0057			**85**	
	16				0193	1041	0638	0100	0001		**84**	
	17				0106	0908	0789	0165	0001		**83**	
	18				0054	0739	0909	0254	0003		**82**	
	19				0026	0563	0981	0365	0006		**81**	
	20				0012	0402	0993	0493	0013		**80**	
	21				0005	0270	0946	0626	0024		**79**	
	22				0002	0171	0849	0749	0043		**78**	
	23				0001	0103	0720	0847	0073		**77**	
	24					0058	0577	0906	0117		**76**	
100	**25**					0031	0439	0918	0178		**75**	**100**
	26					0016	0316	0883	0256		**74**	
	27					0008	0217	0806	0351		**73**	
	28					0004	0141	0701	0458		**72**	
	29					0002	0088	0580	0569		**71**	
	30					0001	0052	0458	0673		**70**	
	31						0029	0344	0760	0001	**69**	
	32						0016	0248	0819	0001	**68**	
	33						0008	0170	0844	0002	**67**	
	34						0004	0112	0831	0005	**66**	
	35						0002	0070	0784	0009	**65**	
	36						0001	0042	0708	0016	**64**	
	37							0024	0612	0027	**63**	
	38							0013	0507	0045	**62**	
	39							0007	0403	0071	**61**	
	40							0004	0308	0108	**60**	
	41							0002	0225	0159	**59**	
	42							0001	0158	0223	**58**	
	43								0107	0301	**57**	
	44								0069	0390	**56**	
	45								0043	0485	**55**	
	46								0026	0580	**54**	
	47								0015	0666	**53**	
	48								0008	0735	**52**	
	49								0004	0780	**51**	
	50								0002	0796	**50**	
		0,99	**0,98**	**0,95**	**0,9**	**0,85**	**0,8**	**0,75**	$\frac{1}{3}$	**0,5**	*k*	*n*
		p										

$$P(X = k) = B_{n;p}(k) = \binom{n}{k} \cdot p^k \cdot (1 - p)^{n-k}$$

		p										
n	***k***	**0,01**	**0,02**	**0,05**	**0,1**	**0,15**	**0,2**	**0,25**	$\frac{1}{3}$	**0,5**		
100	**51**								0001	0780	**49**	**100**
	52								0001	0735	**48**	
	53									0666	**47**	
	54									0580	**46**	
	55									0485	**45**	
	56									0390	**44**	
	57									0301	**43**	
	58									0223	**42**	
	59									0159	**41**	
	60									0108	**40**	
	61									0071	**39**	
	62									0045	**38**	
	63									0027	**37**	
	64									0016	**36**	
	65									0009	**35**	
	66									0005	**34**	
	67									0002	**33**	
	68									0001	**32**	
	69									0001	**31**	
		0,99	**0,98**	**0,95**	**0,9**	**0,85**	**0,8**	**0,75**	$\frac{1}{3}$	**0,5**	***k***	***n***
		p										

2 Binomialverteilung, $F_{n;p}(k)$, Verteilungsfunktion

$$P(X \leq k) = F_{n;p}(k) = \sum_{i=0}^{k} \binom{n}{i} \cdot p^i \cdot (1-p)^{n-i}$$

		p										
n	*k*	**0,01**	**0,02**	**0,05**	**0,1**	**0,15**	**0,2**	**0,25**	**$\frac{1}{3}$**	**0,5**		
2	**0**	0,9801	9604	9025	8100	7225	6400	5625	4444	2500	**2**	**2**
	1	9999	9996	9975	9900	9775	9600	9375	8889	7500	**1**	
	2	1,0	1,0	1,0	1,0	1,0	1,0	1,0	1,0	1,0	**0**	
5	**0**	0,9510	9039	7738	5905	4437	3277	2373	1317	0313	**5**	**5**
	1	9990	9962	9774	9185	8352	7373	6328	4609	1875	**4**	
	2	1,0	9999	9988	9914	9734	9421	8965	7901	5000	**3**	
	3	1,0	1,0	1,0	9995	9978	9933	9844	9547	8125	**2**	
	4	1,0	1,0	1,0	1,0	9999	9997	9990	9959	9688	**1**	
	5	1,0	1,0	1,0	1,0	1,0	1,0	1,0	1,0	1,0	**0**	
10	**0**	0,9044	8171	5987	3487	1969	1074	0563	0173	0010	**10**	**10**
	1	9957	9838	9139	7361	5443	3758	2440	1040	0107	**9**	
	2	9999	9991	9885	9298	8202	6778	5256	2991	0547	**8**	
	3	1,0	1,0	9990	9872	9500	8791	7759	5593	1719	**7**	
	4	1,0	1,0	9999	9984	9901	9672	9219	7869	3770	**6**	
	5	1,0	1,0	1,0	9999	9986	9936	9803	9234	6230	**5**	
	6	1,0	1,0	1,0	1,0	9999	9991	9965	9803	8281	**4**	
	7	1,0	1,0	1,0	1,0	1,0	9999	9996	9966	9453	**3**	
	8	1,0	1,0	1,0	1,0	1,0	1,0	1,0	9996	9893	**2**	
	9	1,0	1,0	1,0	1,0	1,0	1,0	1,0	1,0	9990	**1**	
	10	1,0	1,0	1,0	1,0	1,0	1,0	1,0	1,0	1,0	**0**	
25	**0**	0,7778	6035	2774	0718	0172	0038	0008			**25**	**25**
	1	9742	9114	6424	2712	0931	0274	0070	0050		**24**	
	2	9980	9868	8729	5371	2537	0982	0321	0035		**23**	
	3	9999	9986	9659	7636	4711	2340	0962	0149	0001	**22**	
	4	1,0	9999	9928	9020	6821	4207	2137	0462	0005	**21**	
	5	1,0	1,0	9988	9666	8385	6167	3783	1120	0020	**20**	
	6	1,0	1,0	9998	9905	9305	7800	5611	2215	0073	**19**	
	7	1,0	1,0	1,0	9977	9745	8909	7265	3703	0216	**18**	
	8	1,0	1,0	1,0	9995	9920	9532	8506	5376	0539	**17**	
	9	1,0	1,0	1,0	9999	9979	9827	9287	6956	1148	**16**	
	10	1,0	1,0	1,0	1,0	9995	9944	9703	8220	2122	**15**	
	11	1,0	1,0	1,0	1,0	9999	9985	9893	9082	3450	**14**	
	12	1,0	1,0	1,0	1,0	1,0	9996	9966	9585	5000	**13**	
	13	1,0	1,0	1,0	1,0	1,0	9999	9991	9836	6550	**12**	
	14	1,0	1,0	1,0	1,0	1,0	1,0	9998	9944	7878	**11**	
	15	1,0	1,0	1,0	1,0	1,0	1,0	1,0	9984	8852	**10**	
	16	1,0	1,0	1,0	1,0	1,0	1,0	1,0	9996	9461	**9**	
	17	1,0	1,0	1,0	1,0	1,0	1,0	1,0	9999	9784	**8**	
	18	1,0	1,0	1,0	1,0	1,0	1,0	1,0	1,0	9927	**7**	
	19	1,0	1,0	1,0	1,0	1,0	1,0	1,0	1,0	9980	**6**	
	20	1,0	1,0	1,0	1,0	1,0	1,0	1,0	1,0	9995	**5**	
	21	1,0	1,0	1,0	1,0	1,0	1,0	1,0	1,0	9999	**4**	
	22	1,0	1,0	1,0	1,0	1,0	1,0	1,0	1,0	1,0	**3**	
	23	1,0	1,0	1,0	1,0	1,0	1,0	1,0	1,0	1,0	**2**	
	24	1,0	1,0	1,0	1,0	1,0	1,0	1,0	1,0	1,0	**1**	
	25	1,0	1,0	1,0	1,0	1,0	1,0	1,0	1,0	1,0	**0**	
		0,99	**0,98**	**0,95**	**0,9**	**0,85**	**0,8**	**0,75**	**$\frac{1}{3}$**	**0,5**	*k*	*n*
		p										

$$P(X \leq k) = F_{n;p}(k) = \sum_{i=0}^{k} \binom{n}{i} \cdot p^i \cdot (1-p)^{n-i}$$

		p										
n	**k**	**0,01**	**0,02**	**0,05**	**0,1**	**0,15**	**0,2**	**0,25**	$\frac{1}{3}$	**0,5**		
	0	0,6050	3642	0769	0052	0003					**50**	
	1	9106	7358	2794	0338	0029	0002				**49**	
	2	9862	9216	5405	1117	0142	0013	0001			**48**	
	3	9984	9822	7604	2503	0460	0057	0005			**47**	
	4	9999	9968	8964	4312	1121	0185	0021			**46**	
	5	1,0	9995	9622	6161	2194	0480	0070	0010		**45**	
	6	1,0	1,0	9882	7702	3613	1034	0194	0005		**44**	
	7	1,0	1,0	9968	8779	5188	1904	0453	0017		**43**	
	8	1,0	1,0	9992	9421	6681	3073	0916	0050		**42**	
	9	1,0	1,0	9998	9755	7911	4437	1637	0127		**41**	
	10	1,0	1,0	1,0	9906	8801	5836	2622	0284		**40**	
	11	1,0	1,0	1,0	9968	9372	7107	3816	0570		**39**	
	12	1,0	1,0	1,0	9990	9699	8139	5110	1035	0002	**38**	
	13	1,0	1,0	1,0	9997	9868	8894	6370	1715	0005	**37**	
	14	1,0	1,0	1,0	9999	9947	9393	7481	2612	0013	**36**	
	15	1,0	1,0	1,0	1,0	9981	9692	8369	3690	0033	**35**	
	16	1,0	1,0	1,0	1,0	9993	9856	9017	4868	0077	**34**	
	17	1,0	1,0	1,0	1,0	9998	9937	9449	6046	0164	**33**	
	18	1,0	1,0	1,0	1,0	9999	9975	9713	7126	0325	**32**	
	19	1,0	1,0	1,0	1,0	1,0	9991	9861	8036	0595	**31**	
	20	1,0	1,0	1,0	1,0	1,0	9997	9937	8741	1013	**30**	
	21	1,0	1,0	1,0	1,0	1,0	9999	9974	9244	1611	**29**	
	22	1,0	1,0	1,0	1,0	1,0	1,0	9990	9576	2399	**28**	
	23	1,0	1,0	1,0	1,0	1,0	1,0	9996	9778	3359	**27**	
50	**24**	1,0	1,0	1,0	1,0	1,0	1,0	9999	9892	4439	**26**	**50**
	25	1,0	1,0	1,0	1,0	1,0	1,0	1,0	9951	5561	**25**	
	26	1,0	1,0	1,0	1,0	1,0	1,0	1,0	9979	6641	**24**	
	27	1,0	1,0	1,0	1,0	1,0	1,0	1,0	9992	7601	**23**	
	28	1,0	1,0	1,0	1,0	1,0	1,0	1,0	9997	8389	**22**	
	29	1,0	1,0	1,0	1,0	1,0	1,0	1,0	9999	8987	**21**	
	30	1,0	1,0	1,0	1,0	1,0	1,0	1,0	1,0	9405	**20**	
	31	1,0	1,0	1,0	1,0	1,0	1,0	1,0	1,0	9675	**19**	
	32	1,0	1,0	1,0	1,0	1,0	1,0	1,0	1,0	9836	**18**	
	33	1,0	1,0	1,0	1,0	1,0	1,0	1,0	1,0	9923	**17**	
	34	1,0	1,0	1,0	1,0	1,0	1,0	1,0	1,0	9967	**16**	
	35	1,0	1,0	1,0	1,0	1,0	1,0	1,0	1,0	9987	**15**	
	36	1,0	1,0	1,0	1,0	1,0	1,0	1,0	1,0	9995	**14**	
	37	1,0	1,0	1,0	1,0	1,0	1,0	1,0	1,0	9998	**13**	
	38	1,0	1,0	1,0	1,0	1,0	1,0	1,0	1,0	1,0	**12**	
	39	1,0	1,0	1,0	1,0	1,0	1,0	1,0	1,0	1,0	**11**	
	40	1,0	1,0	1,0	1,0	1,0	1,0	1,0	1,0	1,0	**10**	
	41	1,0	1,0	1,0	1,0	1,0	1,0	1,0	1,0	1,0	**9**	
	42	1,0	1,0	1,0	1,0	1,0	1,0	1,0	1,0	1,0	**8**	
	43	1,0	1,0	1,0	1,0	1,0	1,0	1,0	1,0	1,0	**7**	
	44	1,0	1,0	1,0	1,0	1,0	1,0	1,0	1,0	1,0	**6**	
	45	1,0	1,0	1,0	1,0	1,0	1,0	1,0	1,0	1,0	**5**	
	46	1,0	1,0	1,0	1,0	1,0	1,0	1,0	1,0	1,0	**4**	
	47	1,0	1,0	1,0	1,0	1,0	1,0	1,0	1,0	1,0	**3**	
	48	1,0	1,0	1,0	1,0	1,0	1,0	1,0	1,0	1,0	**2**	
	49	1,0	1,0	1,0	1,0	1,0	1,0	1,0	1,0	1,0	**1**	
	50	1,0	1,0	1,0	1,0	1,0	1,0	1,0	1,0	1,0	**0**	
		0,99	**0,98**	**0,95**	**0,9**	**0,85**	**0,8**	**0,75**	$\frac{1}{3}$	**0,5**	**k**	**n**
		p										

$$P(X \leq k) = F_{n;p}(k) = \sum_{i=0}^{k} \binom{n}{i} \cdot p^i \cdot (1-p)^{n-i}$$

		p										
n	**k**	**0,01**	**0,02**	**0,05**	**0,1**	**0,15**	**0,2**	**0,25**	**$\frac{1}{3}$**	**0,5**		
	0	0,3660	1326	0059							**100**	
	1	7358	4033	0371	0003						**99**	
	2	9206	6767	1183	0019						**98**	
	3	9816	8590	2578	0078	0001					**97**	
	4	9966	9492	4360	0237	0004					**96**	
	5	9995	9845	6160	0576	0016					**95**	
	6	9999	9959	7660	1172	0047	0001				**94**	
	7	1,0	9991	8720	2061	0122	0003				**93**	
	8	1,0	9998	9369	3209	0275	0009				**92**	
	9	1,0	1,0	9718	4513	0551	0023				**91**	
	10	1,0	1,0	9885	5832	0994	0057	0001			**90**	
	11	1,0	1,0	9957	7030	1635	0126	0004			**89**	
	12	1,0	1,0	9985	8018	2473	0253	0010			**88**	
	13	1,0	1,0	9995	8761	3474	0469	0025			**87**	
	14	1,0	1,0	9999	9274	4572	0804	0054			**86**	
	15	1,0	1,0	1,0	9601	5683	1285	0111			**85**	
	16	1,0	1,0	1,0	9794	6725	1923	0211	0001		**84**	
	17	1,0	1,0	1,0	9900	7633	2712	0376	0002		**83**	
	18	1,0	1,0	1,0	9954	8372	3621	0630	0050		**82**	
	19	1,0	1,0	1,0	9980	8935	4602	0995	0011		**81**	
	20	1,0	1,0	1,0	9992	9337	5595	1488	0024		**80**	
	21	1,0	1,0	1,0	9997	9607	6540	2114	0048		**79**	
	22	1,0	1,0	1,0	9999	9779	7389	2864	0091		**78**	
	23	1,0	1,0	1,0	1,0	9881	8109	3711	0164		**77**	
100	**24**	1,0	1,0	1,0	1,0	9939	8686	4617	0281		**76**	**100**
	25	1,0	1,0	1,0	1,0	9970	9125	5535	0458		**75**	
	26	1,0	1,0	1,0	1,0	9986	9442	6417	0715		**74**	
	27	1,0	1,0	1,0	1,0	9994	9658	7224	1066		**73**	
	28	1,0	1,0	1,0	1,0	9997	9800	7925	1524		**72**	
	29	1,0	1,0	1,0	1,0	9999	9888	8505	2093		**71**	
	30	1,0	1,0	1,0	1,0	1,0	9939	8962	2766		**70**	
	31	1,0	1,0	1,0	1,0	1,0	9969	9307	3525	0001	**69**	
	32	1,0	1,0	1,0	1,0	1,0	9984	9554	4344	0002	**68**	
	33	1,0	1,0	1,0	1,0	1,0	9993	9724	5188	0004	**67**	
	34	1,0	1,0	1,0	1,0	1,0	9997	9836	6019	0009	**66**	
	35	1,0	1,0	1,0	1,0	1,0	9999	9906	6803	0018	**65**	
	36	1,0	1,0	1,0	1,0	1,0	9999	9948	7511	0033	**64**	
	37	1,0	1,0	1,0	1,0	1,0	1,0	9973	8123	0060	**63**	
	38	1,0	1,0	1,0	1,0	1,0	1,0	9986	8630	0105	**62**	
	39	1,0	1,0	1,0	1,0	1,0	1,0	9993	9034	0176	**61**	
	40	1,0	1,0	1,0	1,0	1,0	1,0	9997	9341	0284	**60**	
	41	1,0	1,0	1,0	1,0	1,0	1,0	9999	9566	0443	**59**	
	42	1,0	1,0	1,0	1,0	1,0	1,0	9999	9724	0666	**58**	
	43	1,0	1,0	1,0	1,0	1,0	1,0	1,0	9831	0967	**57**	
	44	1,0	1,0	1,0	1,0	1,0	1,0	1,0	9900	1356	**56**	
	45	1,0	1,0	1,0	1,0	1,0	1,0	1,0	9943	1841	**55**	
	46	1,0	1,0	1,0	1,0	1,0	1,0	1,0	9969	2421	**54**	
	47	1,0	1,0	1,0	1,0	1,0	1,0	1,0	9983	3086	**53**	
	48	1,0	1,0	1,0	1,0	1,0	1,0	1,0	9991	3822	**52**	
	49	1,0	1,0	1,0	1,0	1,0	1,0	1,0	9996	4602	**51**	
	50	1,0	1,0	1,0	1,0	1,0	1,0	1,0	9998	5398	**50**	
		0,99	**0,98**	**0,95**	**0,9**	**0,85**	**0,8**	**0,75**	**$\frac{1}{3}$**	**0,5**	**k**	**n**
		p										

$$P(X \leq k) = F_{n;p}(k) = \sum_{i=0}^{k} \binom{n}{i} \cdot p^i \cdot (1-p)^{n-i}$$

		p										
n	***k***	**0,01**	**0,02**	**0,05**	**0,1**	**0,15**	**0,2**	**0,25**	$\frac{1}{3}$	**0,5**		
100	**51**	1,0	1,0	1,0	1,0	1,0	1,0	1,0	9999	6178	**49**	**100**
	52	1,0	1,0	1,0	1,0	1,0	1,0	1,0	1,0	6914	**48**	
	53	1,0	1,0	1,0	1,0	1,0	1,0	1,0	1,0	7579	**47**	
	54	1,0	1,0	1,0	1,0	1,0	1,0	1,0	1,0	8159	**46**	
	55	1,0	1,0	1,0	1,0	1,0	1,0	1,0	1,0	8644	**45**	
	56	1,0	1,0	1,0	1,0	1,0	1,0	1,0	1,0	9033	**44**	
	57	1,0	1,0	1,0	1,0	1,0	1,0	1,0	1,0	9334	**43**	
	58	1,0	1,0	1,0	1,0	1,0	1,0	1,0	1,0	9557	**42**	
	59	1,0	1,0	1,0	1,0	1,0	1,0	1,0	1,0	9716	**41**	
	60	1,0	1,0	1,0	1,0	1,0	1,0	1,0	1,0	9824	**40**	
	61	1,0	1,0	1,0	1,0	1,0	1,0	1,0	1,0	9895	**39**	
	62	1,0	1,0	1,0	1,0	1,0	1,0	1,0	1,0	9940	**38**	
	63	1,0	1,0	1,0	1,0	1,0	1,0	1,0	1,0	9967	**37**	
	64	1,0	1,0	1,0	1,0	1,0	1,0	1,0	1,0	9982	**36**	
	65	1,0	1,0	1,0	1,0	1,0	1,0	1,0	1,0	9991	**35**	
	66	1,0	1,0	1,0	1,0	1,0	1,0	1,0	1,0	9996	**34**	
	67	1,0	1,0	1,0	1,0	1,0	1,0	1,0	1,0	9998	**33**	
	68	1,0	1,0	1,0	1,0	1,0	1,0	1,0	1,0	9999	**32**	
	69	1,0	1,0	1,0	1,0	1,0	1,0	1,0	1,0	1,0	**31**	
		0,99	**0,98**	**0,95**	**0,9**	**0,85**	**0,8**	**0,75**	$\frac{1}{3}$	**0,5**	***k***	***n***
		p										

3 Tabelle der standardisierten Normalverteilung

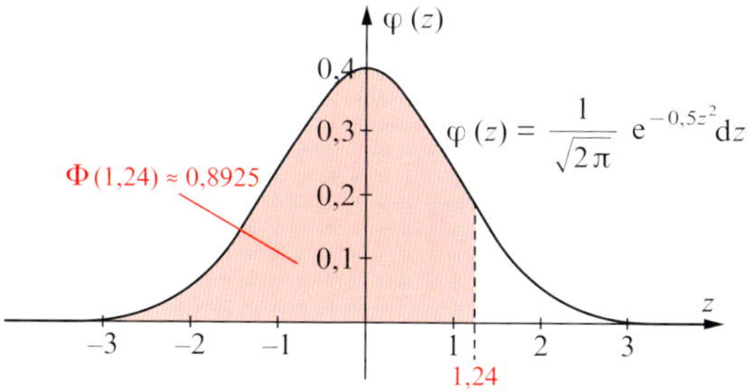

$\Phi(z) = \frac{1}{\sqrt{2\pi}} \int_{-\infty}^{z} e^{-\frac{1}{2}z^2} \, dz$ $\qquad \Phi(-z) = 1 - \Phi(z)$ $\qquad$ für $z \geq 4$ ist $\Phi(z) \approx 1$

z	0	0,01	0,02	0,03	0,04	0,05	0,06	0,07	0,08	0,09
0,0	0,5000	5040	5080	5120	5160	5199	5239	5279	5319	5359
0,1	5398	5438	5478	5517	5557	5596	5636	5675	5714	5753
0,2	5793	5832	5871	5910	5948	5987	6026	6064	6103	6141
0,3	6179	6217	6255	6293	6331	6368	6406	6443	6480	6517
0,4	6554	6591	6628	6664	6700	6736	6772	6808	6844	6879
0,5	6915	6950	6985	7019	7054	7088	7123	7157	7190	7224
0,6	7257	7291	7324	7357	7389	7422	7454	7486	7517	7549
0,7	7580	7611	7642	7673	7704	7734	7764	7794	7823	7852
0,8	7881	7910	7939	7967	7995	8023	8051	8078	8106	8133
0,9	8159	8186	8212	8238	8264	8289	8315	8340	8365	8389
1	8413	8438	8461	8485	8508	8531	8554	8577	8599	8621
1,1	8643	8665	8686	8708	8729	8749	8770	8790	8810	8830
1,2	8849	8869	8888	8907	8925	8944	8962	8980	8997	9015
1,3	9032	9049	9066	9082	9099	9115	9131	9147	9162	9177
1,4	9192	9207	9222	9236	9251	9265	9279	9292	9306	9319
1,5	9332	9345	9357	9370	9382	9394	9406	9418	9429	9441
1,6	9452	9463	9474	9484	9495	9505	9515	9525	9535	9545
1,7	9554	9564	9573	9582	9591	9599	9608	9616	9625	9633
1,8	9641	9649	9656	9664	9671	9678	9686	9693	9699	9706
1,9	9713	9719	9726	9732	9738	9744	9750	9756	9761	9767
2,0	9772	9778	9783	9788	9793	9798	9803	9808	9812	9817
2,1	9821	9826	9830	9834	9838	9842	9846	9850	9854	9857
2,2	9861	9864	9868	9871	9875	9878	9881	9884	9887	9890
2,3	9893	9896	9898	9901	9904	9906	9909	9911	9913	9916
2,4	9918	9920	9922	9925	9927	9929	9931	9932	9934	9936
2,5	9938	9940	9941	9943	9945	9946	9948	9949	9951	9952
2,6	9953	9955	9956	9957	9959	9960	9961	9962	9963	9964
2,7	9965	9966	9967	9968	9969	9970	9971	9972	9973	9974
2,8	9974	9975	9976	9977	9977	9978	9979	9979	9980	9981
2,9	9981	9982	9982	9983	9984	9984	9985	9985	9986	9986
3,0	9987	9987	9987	9988	9988	9989	9989	9989	9990	9990
3,1	9990	9991	9991	9991	9992	9992	9992	9992	9993	9993
3,2	9993	9993	9994	9994	9994	9994	9994	9995	9995	9995
3,3	9995	9995	9995	9996	9996	9996	9996	9996	9996	9997
3,4	9997	9997	9997	9997	9997	9997	9997	9997	9997	9998
3,5	9998	9998	9998	9998	9998	9998	9998	9998	9998	9998
3,6	9998	9998	9999	9999	9999	9999	9999	9999	9999	9999
3,7	9999	9999	9999	9999	9999	9999	9999	9999	9999	9999
3,8	9999	9999	9999	9999	9999	9999	9999	9999	9999	9999
3,9	1,0	1,0	1,0	1,0	1,0	1,0	1,0	1,0	1,0	1,0

Sachwortverzeichnis

A

B

C

D

E

F

G

H

I

K

O

P

Q

R

S

T

U

V

W

Z